輕鬆學

時尚法式甜點

Pâtisserie Française

人氣甜點師教你配方作法「化繁爲簡」，
做出完美泡芙、馬卡龍、可麗露、
常溫蛋糕、派塔等經典風味。

推薦序 | Foreword

　　一本精彩的法式甜點聖經，集結了作者許少宇這些年來的修行，本人見證到他一路從開平餐飲學校受到專業老師的薰陶，至業界在大師們嚴格的調教之下，進而在海外的歷練，更因此造就了他一身的真功夫。

　　這本書也是少宇一生的智慧與甜點魂，書中的每一個細節透過圖文的解說，讓讀者可以很輕鬆地理解製作程序，可說是一本非常實用的食譜工具書，甜點控絕對不能錯過，就讓這本書打開你的眼界與視角，這是一種全新的高度，有多深、多廣，無法預期的驚喜在等著你發現，我一樣也期待著！

社團法人台灣蛋糕協會會長

　　十多年前在開平餐飲學校擔任烘焙教師時，少宇在學時分組為烘焙培訓選手，每天超過 10 小時與糖、奶油、麵粉、巧克力為伍，不斷的摸索與練習每一天不同功課，為的就是迎接每次競賽，從麵包的攪拌、發酵、整型、烤焙，接著甜點世界的蛋糕特性、巧克力的調溫與內餡的調配、慕斯蛋糕的味道調配、糖果製作，乃至訓練後清洗不完的各式設備及器具，並在職場上從小學徒到業界主廚不斷的磨練，深深感受到他對餐飲的熱情與堅持。

　　在資訊發達的這個時代，本書就像少宇選手及職場生涯的縮影，從配方選擇、內餡運用至裝飾技巧，從基本功開始的攪拌烤焙到甜點製作時的細膩手法，尤其「法式甜點」組裝必須考慮的味道堆疊、咀嚼時平衡感，皆在書內充分表達。這些都能看出少宇對烘焙的執著與投入，以他不藏私發表多年所學，相信對熱愛甜點的朋友在烘焙技巧方面皆能受用。身為少宇的師長，祝少宇第一本著作熱銷！

時任開平餐飲學校烘焙組行政主廚

　　甜點科班出身的許少宇老師，擁有理論和技術兼具的實力，對於甜點的化學變化他總是能舉一反三，將專業的理論「化繁為簡」，讓沒有製作甜點經驗的學生可以透過淺顯易懂的說明，輕輕鬆鬆地就做出漂亮的甜點。

　　在課堂上總是不藏私的他要出甜點書了，這是大家的福音，這本書集結數十道經典的法式甜點，非常值得大家收藏，只要跟著書中的步驟操作，你也可以成為甜點高手，真心推薦給大家！

110 食驗室總監　陳婉菁

　　我認識不少人喜歡品嘗甜點，卻不敢動手嘗試，尤其是精緻華美的法式甜點，更是容易卻步，甚為可惜。我一直認為各式餐飲技術不該是只能被少數人掌握，應是每個人都能融入日常的享受，這也是開平餐飲學校的理念，如今我們的學生更發揚光大，透過《輕鬆學時尚法式甜點》與大眾分享製作高級法式甜點的精髓。

　　在開平餐飲，學習是多元且充滿活力，如果學生能順性發展、找到自己的夢想與目標，深度了解自己的能力與特質，就能發揮亮點，在自己喜歡的道路上愈走愈遠，少宇就是一個很好的例子，他在學校時就是一個勇於表現自己的孩子，在許多需要報告與發表演說的舞台上，總能見到他的身影；在甜點方面的實力也不容小覷，高二時，他就能在全國的蛋糕裝飾創意競賽中奪下銀牌。畢業後，在德麥食品、塔利亞甜點吧等專業領域精進實力，而後因緣際會下前往北京參與《男子甜點俱樂部》節目，開拓了視野與眼界，於是開始周遊各國打磨自己，並不吝於教學場域中分享自身對於焙製甜點的體悟，於北京西禾文化開設課程，引導學生發揮創意，設計出美味的甜點，受到許多的學生肯定。

　　在本書中，少宇以紮實的甜點功力結合多年來授課心得，將許多他拿手且經典的法式甜點，如歌劇院蛋糕、閃電泡芙、聖多諾泡芙等，透過詳細的步驟圖解、鉅細靡遺的說明，從基礎到變化，不藏私地一一傳授祕訣，就像是少宇親自在旁教課一般，讓不論是初次接觸甜點的新手，抑或是想精進的熟手，相信都能循著書中的步驟，玩出屬於自己的法式甜點，盡情體會箇中樂趣。

開平餐飲學校創辦人　夏惠汶

　　找到少宇老師合作推廣，從一開始充滿了問號，到最後公司上上下下被他專業的解說和美味的甜點圈粉了，由此可見少宇老師的專業（還有顏值），稍微認識少宇就很容易發現。他是一位極度龜毛、追求完美者，從直播前的討論與順流程，在直播現場所有攝影器材、鏡頭機位、甜點使用的食材，甚至妝髮，他都會一一把關，只為了在所有觀眾前呈現最完美的展演（常常事後還會留下來開檢討會）。單單一場演出就讓他如此戰戰兢兢，不難想像他對自己第一本著作有多麼彈精竭慮。

　　本書收錄了少宇拿手的法式甜點，用淺顯易懂的文字、精心拍攝的步驟圖片近1000 張，圖文對照非常清楚，更拉近甜點與讀者的距離，相信你會收穫許多。

萬記貿易公司白美娜行銷經理

　　我跟少宇是學姐學弟的關係，在學校的時候就看著他沉浸在做甜點的世界裡，畢業後少宇學以致用，不管是教學或顧問都沒有停止繼續研究開發做甜點的技巧及配方。大家知道嗎？！做甜點其實需要思考邏輯清晰，因為幾乎每個甜點都會用到奶油，它可以是奶香或是堅果香、何時該軟化或是需要融化？糖可以是軟的也可以是脆的，蛋白和蛋黃為什麼有時候需要一起打發，而有時候又要分開，才能和平相處。甜點食譜的基本材料總是雞蛋、糖、麵粉及奶油，但不同的處理方式所做出來的成品，總是出乎你意料之外，看似簡單的食材，處理起來卻又難以掌控。

　　在這本書中，少宇將他多年來做甜點的繁複工序，有條理的化難為易、將甜點系統化，更點出許多食材操作上容易失誤的重點，讓大家可以輕鬆做甜點，相信是許多人入門甜點的最佳選擇。 如果你（妳）對於甜點既嚮往又卻步，不妨把這本書帶走，絕對不會失望！

甜心主廚　傅昭蓉

輕鬆學時尚法式甜點～
為自己的甜點庫增加更多美味配方

本人於西元 2007 年入行至今約 15 年，歷經世界各國與多位名師的帶領及技術的洗禮下，有幸遇上橘子文化葉菁燕主編邀請著作一本適合「新手入門」的「經典法式甜點」食譜書，並希望在書中多著墨製作成功祕訣的分享，讓讀者能了解這麼做的原理、加這個食材之目的等。

書中更解析所有基礎概念、常用技巧及經典奶油餡與醬料配方，除了常見的法式甜點可麗露、馬卡龍等，更從多款基礎醬料或是蛋糕體、塔派等，延伸至各式各樣的法式甜點，諸如一個麵團配方，經由不同方式的呈現，可延伸出多種不同的泡芙類產品，除了基礎的「傳統卡士達大泡芙」外，像是經典的「閃電泡芙」、搭配酥皮後變成的「聖多諾泡芙」等。亦或是以基礎的醬料延伸成各式的奶油餡，加上杏仁蛋糕體，進而搭配成「草莓芙蓮蛋糕」或是「法國經典歌劇院蛋糕」等。

本人因從事兩岸家庭烘焙教學多年，所以將主題強調於「在家輕鬆做出法式甜點」，除了配方盡量簡化，也將專業重型機器以家庭器具取代，從簡易的作法中尋找更極致且高級的成果、美味依然維持。每一組配方更是經過多次嘗試後找出「極簡與美味」的平衡，讓讀者皆可透過本書進入甜點的世界！同時在每個品項加入「重點提醒」，讓大家可以更了解製作甜點的成敗細節與口味替換方式。更簡單來說，這本書是「烘焙新手」可以輕鬆駕馭，同時也是「專業廚師」能為自己的甜點庫增加更多配方的最佳良伴。

出書實屬不易，耗時近一年的時間，歷經配方研擬、多次協調品項細節、籌備與拍攝、校對等。一路上感謝合作夥伴、前輩們的耐心指導與眾多同學的支持，共同促使本書問世。感謝橘子文化團隊及葉主編、攝影師小剛、台北 110 食驗室廚藝烘焙手作、萬記貿易有限公司、德麥食品股份有限公司、三能食品器具股份有限公司、柯汝慧女士、范力仁先生、李秉桂先生、劉庭毅先生、張仁勳先生、許展誌先生，眾多從旁協助與支持的朋友。最後，期盼每位讀者能在本書中找到需要的品項與技術。

Contents │ 目錄

How to use this book

本書使用說明

❶ 賞心悅目的產品圖。

❷ 這道甜點的中文與法文名稱。

❸ 清楚標示製作完成的數量。

❹ 建議的最佳保存方式和賞味天數。

❺ 材料一覽表，確實秤量是製作成功的基礎。

❻ 詳細的步驟圖與解說，step by step 一定可以做出漂亮的甜點。

❼ 設計醒目的標題，一目了然可立即上手。

❽ 作者針對這道甜點的製作或材料重點再次提醒，讓你更容易掌握細節。

❾ 這道甜點所屬頁碼。

Chapter

1

Un

基礎入門
準備

製作甜點第 1 步：
認識常用器材

製作甜點之前，請先認識及妥善準備如下常用器具與材料，所謂「工欲善其事，必先利其器」，才有機會發揮最大效能，輕鬆做出美味又令人讚不絕口的法式甜點。

攪拌器具

攪拌盆

需要準備不同尺寸的攪拌盆，在準備材料時即可依照需求和份量挑選適合的尺寸。

手動打蛋器

用於攪拌份量不多的產品，價格比較便宜，但不適合打發，手會很累且非常耗時。

湯鍋

烹煮材料的鍋子，建議選擇厚底鍋為佳，因太薄的鐵鍋煮任何東西都很容易焦掉，而且用厚底鍋烹煮的溫度較均勻。

手持電動打蛋器

體積比桌上型或落地型攪拌機小，占的空間較小，是製作甜點非常方便的設備，價格數百元到三千元。常用於打發，通常配備「打蛋頭」及「攪拌勾」，甜點使用此機器的頻率非常高，大部分是使用打蛋頭，該配備可以取代桌上型或落地型攪拌機中的「球狀」及「槳狀」功能。

桌上型攪拌機

價格較昂貴，動輒上萬元，其基本配備是球狀、槳狀、勾狀，球狀用於打發、槳狀用於攪拌較硬的材料（如奶油，牛軋糖等）、勾狀則適合攪拌麵包麵團。

測量器具

計時器

非常重要的烘焙小幫手，可確實掌握烤焙甜點的時間，有時候多1分鐘就烤焦了。

探針溫度計

用來測量糕點的中心溫度，以及各類麵糊、糖漿等沸騰液體，都應使用探針溫度計測量溫度。

紅外線測溫槍

測量產品表面溫度的測量儀器，比如融化的巧克力等較濃厚質地的材料，通常這類材料表面與中心能夠達到溫度一致的狀態，就適合使用紅外線測溫槍。

量匙 & 量杯

現今因電子磅秤普及，已經較少使用傳統的量測工具（量匙、量杯），僅國外部分地區使用以小匙、茶匙或杯為單位秤材料。量杯最主要的功能非用來量測，而是用來倒麵糊，比如可麗露的麵糊、煮好的布丁液，直接用煮鍋或鋼盆倒入模具中，非常不好操作很容易溢出，此時使用量杯進行分裝，透過尖嘴設計入模更方便。

磅秤

烘焙是一個斤斤計較的產業，全部材料的重量必須非常精準，最常使用的單位是公克（g），所以秤料時務必使用磅秤，以電子設計來操作時更為方便。

家電設備

微波爐 & 瓦斯爐

加熱速度快的家電，適合稍微加熱或快速加熱的材料使用，可以省略直火或隔水加熱的方式。有些產品不適合瓦斯爐直火加熱（例如：巧克力），就會使用微波爐。瓦斯爐是廚房常見的加熱設備，只要搭配隔水加熱法（大鍋裝水套小鍋方式），也是很方便的加熱方式。

烤箱

市面上烤箱種類很多,最常見為甜點店或飯店使用的專業層爐,以及半專業小烤箱、旋風爐、水波爐等。每種烤箱各有優缺點,製作蛋糕時適合使用層爐或半專業小烤箱;而針對一些需要結皮或乾燥的產品(例如:馬卡龍、小餅乾等),則旋風爐就能有很棒的效果,也可選擇是否為旋風模式的半專業烤箱。不論是哪一種烤箱,只要能烤出自己滿意的理想狀態,都是好烤箱。

隔熱手套

購買烤箱時,部分品牌會附隔熱手套,蛋糕出爐時非常需要它。因為產品烤焙完成後,需要以手直接碰觸烤盤或烤模等,務必先戴上隔熱手套。個人習慣是戴兩層工業用的麻布手套(非常便宜),不僅能隔熱,也不影響手部的靈活度,用髒了就換新的。

烤盤

用於裝盛需烤焙的產品,常見分為白鐵、鐵氟龍材質。鐵氟龍為不沾材質,不需要鋪烤焙紙即可使用,比如製作泡芙、餅乾等產品時就非常適合。

刀具類

各種刀子

製作甜點經常需要切割,比如切蛋糕使用鋸齒刀,切慕斯或水果使用牛刀等,或是需要切一些細小的食材,則適合使用小刀或刻花刀。

砧板

又稱為切菜板,因有些桌面材質不耐刀割,或是桌面太硬,切割時容易導致刀鋒變形,所以切東西一定要習慣在砧板上切為宜。

模具類

蛋糕模

西點常見的是各種吋數的圓形蛋糕模,又分為白鐵、鐵氟龍材質,以及固定模底、活動模底,可依需求挑選;或是製作馬德蓮、費南雪、可麗露等較為特殊的模具。

圓切模

圓切模是經常用到的模具，一組約有 10 種尺寸、由小到大。適合拿來切出各種尺寸的圓形，比如切餅乾、塔皮或是蛋糕體等。

其他器具

刮刀

攪拌時常使用的器具，選購具柔軟度及耐高溫的矽膠材質，可完整將盆邊、底部的所有材料刮除乾淨。同時因材質柔軟，也經常使用於攪拌容易消泡或不宜過度攪拌的麵糊。

刮板

也適合用於攪拌用途，但大部分是攪拌份量大的材料，比如用落地型攪拌機打出來的麵糊或麵團。若只用矽膠刮刀，可能無法深到最底部。

梯型刮板

用於鏟刮平面上的材料，比如揉製時麵團黏在桌上，可以用梯形刮板輔助將麵團鏟起，也適合拿來抹平麵糊或打發鮮奶油等。

毛刷

毛刷有各種尺寸可挑選，適合刷液體或是奶油，比如可麗露模具需要刷薄薄一層奶油，就能用毛刷來刷。

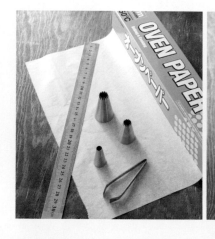

烤焙紙

搭配烤盤使用的紙，用途是預防糕點沾黏於烤盤。

擠花袋

適合裝盛需擠於模具的麵糊，或是裝飾於糕點上的打發鮮奶油，通常搭配擠花嘴使用。

擠花嘴

搭配擠花袋使用，多種不同造型和尺寸讓使用者可以塑出百變造型，書中最常使用是圓口（又稱平口）、鋸齒形狀。

尺

製作許多產品需要量取長寬高和圓形直徑，有鋼製、塑膠等材質。個人習慣有 2 把尺，分別為 60cm 長尺，以及身上廚師小口袋會備的 15cm 短尺，方便隨時拿取。

攝子

經常用於夾取一些細小的食材，或是裝飾金箔等。

蛋糕轉台

製作抹面蛋糕必備的器具之一，將蛋糕放在轉台上，可以更方便的將產品抹平且漂亮，也能減少抹出非常多的紋路。

抹刀

是必備的器具之一，用於抹平蛋糕上的鮮奶油，或將放置於平面的蛋糕鏟起。

彎形抹刀

有時候需抹的平面因角度問題不方便使用普通的抹刀，則以彎形抹刀最適合，比如抹平烤盤上的蛋糕麵糊。

基本材料

麵粉 ●
常見分為高筋、中筋、低筋麵
粉,主要是蛋白質含量不同。
製作西式糕點通常以低筋為主、
包子饅頭則以中筋、麵包則使
用高筋。

雞蛋 ●
製作甜點最基本的材料之一,
經常會見到分蛋製作法,蛋黃
中有一點點蛋白無大礙,但蛋
白中如果混到蛋黃,則會影響
打發程度,這點需要特別注意。

鹽 ●
做甜點時可以加一點點鹽調整
甜度,讓產品減少甜膩感。

糖 ●
最常使用的是細砂糖,但有些
配方為了講求氣味等,會使用
其他種類糖,例如:三溫糖、
二砂糖、上白糖等。

植物油 ●
最常見的是沙拉油,但現今為
了講求健康,愈來愈多人使用
葡萄籽油、菜籽油、玉米油等
取代沙拉油,它們都是可以互
相替代的材料,但務必選擇沒
有味道的油。個人曾使用橄欖
油製作蛋糕,雖然很好吃,但
橄欖油味道太重,多少會影響
糕體口味。

乳製品

動物性鮮奶油 ●
在西點中使用機率非常高,慕斯、奶酪也會使用。鮮奶油打發時必
須在冰涼的狀態下攪打,一般都是從冷藏室取出後立即打發;如果
環境太熱,則底部需要墊一盆冰塊,才可以打出硬挺又光滑的打發
鮮奶油。打發鮮奶油加糖即變成香緹奶油餡,用於夾餡或抹面。

無鹽奶油 ●
必須使用天然的動物性奶油,油質含量約 85％ 左右。如果製作一
些著重奶油香氣的產品,則能使用發酵奶油,增加更多奶香味。

牛奶 ●
製作甜點所使用的牛奶,如果未特別註明,則表示全脂牛奶,亦可
以保久乳替換。

酒類

奶酒

以乳製品為原料製成的酒,有釀造或蒸餾等不同製程,非常適合用於巧克力相關甜點中。

利口酒

各種水果利口酒,大部分以蒸餾為主流作法。市面常見櫻桃、橙酒、莓果等,可使用於不同的甜點中,增加一些水果香氣。

蘭姆酒

由甘蔗製成,是蒸餾酒之一。從大方向區分成白蘭姆、金蘭姆、黑朗姆三種,味道也依序由清爽到濃厚。

烈酒

常見有威士忌、白蘭地、伏特加等,適合加在一些口味較重的甜點中,增添酒香風味。

巧克力

免調溫巧克力

常見分成免調溫、調溫兩種,各自都有黑苦甜(黑色)、牛奶、白色種類。免調溫巧克力是使用植物油加上香料調配而成,操作方便簡易、價格低廉,但口味沒有調溫巧克力佳。

調溫巧克力

從可可豆採收後經由一系列繁瑣的製程(類似咖啡),最後成為 100% 的可可漿。從可可漿再進行調配,做成各種 % 數的巧克力。最簡單的判定方式是包裝上若顯示百分比 %。則表示巧克力是調溫型的純脂巧克力;若未寫百分比,大部分是烘焙用的免調溫代脂巧克力。

果泥

甜點中水果味道的來源之一,大部分是使用進口的冷凍果泥,因為食材穩定、酸鹼值也都已經調配過,對於產品來說不會有太大的影響。如果使用新鮮水果打成泥,有可能因為酸鹼度而導致顏色變化或是無法凝固等。

堅果

具香氣和口感的材料,常見如杏仁、榛果、夏威夷果、核桃等,裝飾用可整顆或切小碎粒。

香草莢

香草又稱為香料之后(香料之王是番紅花),是世界上第二貴的香料。香草莢外觀是一支黑黑的狀態,使用時用牛刀剖開,並將香草籽刮出後和其他材料加熱,讓糕點增加香氣。做好的糕點組織可看到一點一點黑黑的,有許多人會誤以為黑點是發霉,殊不知這才是高級的象徵。香草莢醬是香草莢的濃縮萃取物,香草莢醬 10g 大約等於香草莢 1 支。

製作甜點第 2 步：
基礎烘焙知識

除了認識常用器材外，先學會製作甜點的基礎知識和製作原理，更能提升成功機率，也避免浪費時間和食材成本。

烤箱溫度設定

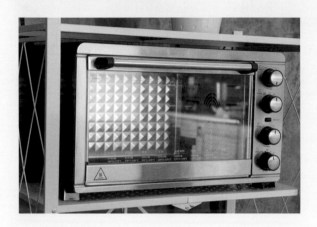

烤箱第一次使用時，因烤箱內部具保養的油質，應使用乾淨的抹布擦拭，並且轉最高溫度，透過空烤或是放入鳳梨皮烤約 30 分鐘，可以去除內部的異味。之後製作任何產品，都需要慢慢嘗試烤溫，抓出烤箱的個性，第一次製作的產品可依照配方提供的烤溫烤焙，再慢慢調整。顏色太深就降火，依照時間烤完全程卻沒有熟，則表示溫度太低，就嘗試把溫度調高。亦可購買烤箱溫度計，放入烤箱測試每個區域的實際溫度。

烤盤鋪烤焙紙

1 將烤焙紙剪成比烤盤長寬各多出約 10cm，並將四個角剪出約 5cm 的斜口。

2 烤盤上噴上少量的植物油或噴式烤盤油。

3 將烤焙紙完全貼附，避免用麵糊黏著，容易將烤焙紙拖拉而導致皺褶。

模具刷油撒粉

許多模具為了防止產品沾黏，會刷上一層奶油，部分產品除了刷油以外更會撒上一層高筋麵粉。使用高筋麵粉則是因較不易吸收於麵糊中而導致產品變形，比如馬德蓮與費南雪即是需要在模具中刷油撒粉的品項。

1 使用完全室溫（約 26℃）軟化的無鹽奶油，以毛刷沾取後刷於模具中，均勻薄薄一層即可，奶油勿太厚而蓋住模具紋路，再篩上一層厚厚的高筋麵粉。

2 倒出麵粉後重敲模具，讓多餘的粉可完全去除，僅留下薄薄一層。

打蛋器使用方式

打蛋器是西點經常使用的器具，用於攪拌或打發，有些產品如果攪拌不足，很容易產生食材結塊、結粒。打蛋器可以在最短的時間內將材料攪拌均勻。如果需要打發產品，比如打發雞蛋、打發鮮奶油等，則建議使用手持電動打蛋器或桌上型攪拌機，比較省力。製作卡士達醬時，在煮製過程中因打蛋器不停攪拌，亦可將塊狀完全打散，煮出來的成品比單純用刮刀拌勻來得更為細滑柔順。

矽膠刮刀使用方式

矽膠刮刀除了攪拌外，也能擔任整理麵糊的重要角色。使用打蛋器完成的麵糊經常有沉澱，這時候刮刀具有緊貼於模具的彈性，可輕鬆將這些麵糊刮起並更均勻拌入麵糊中。許多麵糊不能使用打蛋器攪拌，比如打發的麵糊或是蛋白霜等，攪拌時應使用矽膠刮刀（如份量很大，傳統師傅習慣手持軟刮板進行攪拌），以畫 J 的方式進行攪拌，並邊旋轉鋼盆邊攪拌，使盆內所有角落都可攪拌到。

花嘴和擠花袋使用重點

依照不同產品需求挑選適合的花嘴，而擠花袋也依照需求挑選尺寸，若非用於細部裝飾，通常都建議挑選大尺寸。裝入擠花袋的內容物勿太硬、別填太滿，並保持袋口處乾淨即可，如果遇到太硬的內容物，易導致擠製時袋子爆裂。

1 將花嘴放入擠花袋中，袋口往下翻後套於非慣用手中，並以習慣使力的手將醬餡或麵糊填入袋中。

2 將醬餡或麵糊往花嘴方向推，並以刮板將袋中材料集中，於袋口處剪出洞，以花嘴頭可以通過的大小即可。

3 袋口轉緊後開始擠花，可將靠近花嘴處的三分之一用手環起來，使受力面積變小，能更輕鬆擠花。

奶油軟化判斷

除非是需要講究奶油溫度的產品（例如：重奶油蛋糕），其他需要軟的奶油則放室溫（約 26℃）軟化最適合，溫度不會太熱或太冷，通常以手指頭能輕鬆按下去而形成凹洞即可使用。

材料過篩目的

過篩主要目的是讓粉料勿結塊，低筋麵粉是最常需要過篩的材料，而其他粉料（例如：玉米粉、糖粉）則需依照食材本身的狀況調整。有些粉類因為長時間於潮濕處儲存，導致結塊嚴重，此時不管配方中是否強調過篩，建議都篩過比較理想。

Chapter

2

— Duex —

經典奶油餡
&醬料

Crème pâtissière

香草卡士達餡

適合甜點 ╱ 傳統卡士達大泡芙（P.82）、
法式薄餅千層蛋糕（P.185）

完成份量 ╱ 約 800g

保存方式 ╱ 冷藏 3 ～ 5 天

Matériaux
材－料

細砂糖	100g	玉米粉	65g
全蛋	100g	牛奶	550g
蛋黃	90g	香草莢醬	3g

Étape
作－法

1 細砂糖、全蛋和蛋黃放入盆中，以手動打蛋器攪拌均勻。

2 加入玉米粉，攪拌均勻即為蛋糊。

3 牛奶和香草莢醬混合，以小火煮至冒煙、微微沸騰，關火。

4 將作法 3 沖入作法 2 中，邊沖邊用打蛋器快速拌勻後倒回湯鍋。

5 開小火，立即持續攪拌，可以離火攪拌一下再回爐上煮，直到變濃稠後，離火後持續攪拌 1 分鐘呈滑順無顆粒。

6 倒入烤盤後貼上保鮮膜，可室溫 1 小時（或冷藏至少 30 分鐘），讓餡快速降溫，再放入盆中，以矽膠刮刀（或電動打蛋器搭配槳狀攪拌頭），攪拌數下至滑順即完成，不宜冷凍保存。

重點提醒

・避免卡士達餡焦底的方法

煮卡士達餡最好選用厚底的金屬鍋，比較不容易焦掉；如果擔心焦底，也能使用隔水加熱方式，底下的水可以保持沸騰狀態。

・使用均質機（或過篩）解決卡士達餡結粒

卡士達餡變濃稠後，因鍋底還持續加溫，故可持續攪拌一陣子，使溫度均勻再停手。煮好的卡士達餡，如果有結粒結塊，可以用均質機（手持調理棒）進行攪拌，或是過篩，可以解決這個問題，接著進行貼保鮮膜和降溫動作。

・打發的鮮奶油增加穩定性

可取適量吉利丁片（依照鮮奶油重量約 1 ～ 2％），將吉利丁片泡冰水軟化後微波 8 ～ 10 秒鐘融化，和卡士達餡攪拌均勻，再拌入打發的動物性鮮奶油，能增加穩定性。

・保鮮膜貼面，防止卡士達餡乾燥結皮

卡士達餡快速降溫的方式有多種，如果不趕時間，可以放在盆內並以保鮮膜貼面靜置，保鮮膜貼面可防止卡士達餡乾燥結皮。

・卡士達餡是奶油餡的基底

卡士達餡是甜點的經典夾餡，也是許多奶油餡的基底，可以拌入打發的動物性鮮奶油，變成外交官奶油餡，或直接以卡士達餡夾入法式薄餅千層蛋糕，是一款基礎的內餡醬料。

卡士達＋打發鮮奶油＝外交官奶油餡

卡士達＋奶油霜＝慕斯林奶油餡

卡士達＋義大利蛋白霜＝席布斯特餡

La crème diplomate

外交官奶油餡

適合甜點╱傳統卡士達大泡芙（P.82）
完成份量╱約 600g
保存方式╱冷藏 3 〜 5 天．冷凍 14 天

Matériaux
材 – 料

香草卡士達餡	300g（P.20）
動物性鮮奶油	300g
吉利丁片	2.5g（約 1 片）

作 – 法

1 經過冷藏的香草卡士達餡需先退冰，以電動打蛋器的慢速攪拌至軟化無塊狀；若是現做則直接使用。

2 動物性鮮奶油放入盆中，以電動打蛋器的中速打發至 7 分發（明顯紋路且光亮）。

3 吉利丁泡冰水軟化，取出後滴乾水分，放入小碗中微波 8～10 秒鐘，或以隔水加熱融化。

4 將吉利丁片加入作法 1，並快速攪拌均勻，動作不夠快會導致吉利丁遇冷凝結，變成結塊。

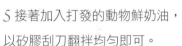

5 接著加入打發的動物鮮奶油，以矽膠刮刀翻拌均勻即可。

重點提醒

- **吉利丁片必須泡飲用冰水**

  吉利丁片必須泡冰水（約 2℃），使用吉利丁片的加熱過程不能超過 86℃，凝固效果會失效。冰水以飲用水比較放心，因為後面沒有沸騰等加熱程序，所以碰觸的食材必須都是可以即食為宜。

- **吉利丁片融化過程可加入卡士達餡**

  吉利丁片與香草卡士達餡拌勻時，必須快速攪拌均勻，如果動作太慢，容易導致吉利丁遇冷凝結而形成結塊。或是吉利丁片於融化過程中，可加入少量卡士達餡，一起加熱並且攪拌均勻，使吉利丁片被稀釋，也不必擔心與卡士達餡結合時，因為操作太慢而導致吉利丁片遇冷凝結成顆粒狀，無法拌開。

- **鮮奶油打發時可酌量加糖**

  動物性鮮奶油份量可以依照個人喜好增減，如果對甜味比較不敏感的朋友，也能於打發鮮奶油時添加細砂糖或糖粉，增加甜度。

- **外交官奶油餡冷凍後不宜再打發**

  冷凍過的外交官奶油餡，退冰後再攪拌，會呈油水分離狀，僅適合直接食用或當作甜點佐醬。

Crème chantilly

香緹奶油餡

適合甜點 ╱ 經典奶油蛋糕捲（P.157）、
聖多諾泡芙（P.79）

完成份量 ╱ 約 300g

保存方式 ╱ 冷藏 3 天 · 冷凍 14 天

Matériaux
材 − 料

| 動物性鮮奶油 | 300g |
| 細砂糖（or 糖粉） | 20 ～ 30g |

Étape
作 − 法

1 將所有材料放入盆中。

2 以電動打蛋器的中速攪打盆中材料。

3 打發至 7 分發，即奶油霜有明顯紋路即可。

重點提醒

· **冷藏後的香緹奶油餡用途廣**
香緹奶油餡就是加糖的打發鮮奶油，其口感清爽、用途很廣，適合製作生乳捲的夾心、鮮奶油蛋糕的抹面，都可以使用這個配方。香緹奶油餡可以冷藏 3 天，從冰箱取出如果看到消泡、軟化，則再次打發至需求硬度即可使用。

· **冷凍後不宜再打發**
成型的香緹奶油餡也可冷凍保存，冷凍後無法再次打發或成型，只要退冰至冷藏狀態即可與甜點搭配食用。

· **鮮奶油不宜退冰才攪打**
鮮奶油對溫度非常敏感，打發時必須是冷藏溫度狀態（4 ～ 7℃）；如果退冰才開始攪打，則未開始發泡膨脹前，鮮奶油即產生油水分離狀態。

· **增加打發穩定性**
夏天廚房非常炎熱，可以將攪拌盆先冷凍，取出後加入冷藏的動物性鮮奶油，增加打發穩定性。或是打發時在攪拌盆底下墊一盆冰塊水，亦可增加穩定性。

· **糖量占鮮奶油量 7 ～ 10%**
可依照個人喜好添加糖量，本人習慣添加鮮奶油量的 7 ～ 10%，口感最佳。

Crème anglaise

安格列斯奶醬

適合甜點／戚風蛋糕（P.32）、
　　　　　巧克力慕斯杯（P.188）

完成份量／約 250g

保存方式／冷藏 3 天

Matériaux
材－料

蛋黃	90g
細砂糖	40g
牛奶	130g
香草莢醬	2g

Étape
作－法

1 蛋黃和細砂糖放入盆中，以手動打蛋器攪拌均勻。

2 牛奶和香草莢醬混合，以小火煮至冒煙、微微沸騰，關火。

3 將作法 2 沖入作法 1 中，邊沖邊用打蛋器快速拌勻後倒回湯鍋。

4 以小火或文火慢慢煮，並且使用矽膠刮刀不停地攪拌，回煮至 82～83℃，關火。

重點提醒

· **安格列斯奶醬又稱為英式奶醬**
本配方的糖量可依個人喜好增減，這款醬類似少了澱粉的卡士達醬。安格列斯奶醬加入奶油霜（動物性奶油打發至蓬鬆發白狀態），即成為英式奶油霜。

· **適合製作慕斯與甜點佐醬**
安格列斯奶醬是法式經典奶醬，經常拿來製作各種慕斯（例如：巧克力慕斯、巴伐路亞慕斯），可當作牛奶香草醬直接品嘗，或是做為戚風蛋糕的佐醬，也非常清爽好吃。

· **不停攪拌避免燒焦**
作法 4 烹煮時，必須用矽膠刮刀不停地攪拌，攪拌時刮鍋子底部，能避免燒焦。

─── *Ganache montè* ───

打發甘那許

適合甜點 ╱ 各種泡芙（P.72 ～ 82）、
　　　　　各種蛋糕捲（P.157 ～ 160）
完成份量 ╱ 約 400g
保存方式 ╱ 冷藏 3 天

Matériaux
材 – 料

55 ～ 70% 黑巧克力	100g
動物性鮮奶油（A）	100g
動物性鮮奶油（B）	200g

Étape
作 – 法

1 黑巧克力微波或隔水加熱，使約一半融化。

2 動物性鮮奶油（A）以小火加熱至冒煙，分兩次加入作法 1，並以手動打蛋器攪拌均勻。

3 將冰冷的動物性鮮奶油（B）分 2 ～ 3 次加入作法 2 中，持續以打蛋器拌勻至看不到黑色斑點，並且稍濃稠，最後可用均質機攪拌數下，使甘那許更細緻。

4 再倒入高度較淺的容器，使自然攤平並貼上保鮮膜，冷藏 6 小時即可打發使用。

5 從冰箱取出後立即以電動打蛋器的中速打發至顏色變淺，可做為抹面或泡芙與生乳捲夾餡。

重點提醒

· **鮮奶油冷熱混合，避免油水分離**

　動物性鮮奶油分成兩個部分使用，是為了減少冷卻的時間，並且如果全部的鮮奶油都加熱，很容易不小心一次加太多，導致油水分離而無法乳化。

· **巧克力的可可濃度依喜好調整**

　可可濃度 55 ～ 70％是大眾較能接受的口味，如果是有甜味上的需求，亦可使用白巧克力或牛奶巧克力。隨著巧克力的可可濃度增減，對應到的鮮奶油量也能進行調整。如果用白巧克力，因白巧克力的可可濃度較低（介於 28 ～ 33％），則鮮奶油（A）的量也能減少一些（約 50 ～ 70g）。

· **均質機攪拌更細緻**

　最後使用均質機進行攪拌，可以將乳化的分子切割更細，質地細緻對後續打發的穩定性效果佳，入口的化口性也會加分。

· **冷藏後乳化更佳**

　冷藏 6 小時以上，除了讓溫度降下來到冷藏溫度之外，也是讓乳化更徹底，口感也更細緻。

· **甘那許貼保鮮膜目的**

　可阻隔空氣，避免餡醬乾燥結皮，也避免被冰箱味道所影響。

── Ganache aux fruits ──

水果風味
打發甘那許

適合甜點╱各種泡芙（P.72 ～ 82）、
各種蛋糕捲（P.157 ～ 160）

完成份量╱約 600g

保存方式╱冷藏 3 天

Matériaux
材 – 料

白巧克力	200g	喜歡的果泥（莓果類最佳）	80g
葡萄糖漿	25g	喜歡的利口酒	20g
動物性鮮奶油（A）	100g	動物性鮮奶油（B）	220g

Étape
作 – 法

1 白巧克力微波或隔水加熱，使約一半融化。

2 葡萄糖漿和動物性鮮奶油（A）混合，以小火加熱至冒煙。

3 分兩次加入作法 1 半融化的白巧克力中，以手動打蛋器攪拌均勻。

4 加入果泥，果泥溫度不限，只要融化即可。

5 接著加入利口酒和動物性鮮奶油（B），全程使用手動打蛋器拌勻。

6 最後可用均質機攪拌，使甘那許更細緻。

7 再倒入高度較淺的容器，使自然攤平並貼上保鮮膜，冷藏6小時即可打發使用。

8 從冰箱取出後立即以電動打蛋器的中速打發至顏色變淺，可做為抹面或泡芙與生乳捲夾餡。

重點提醒

・果泥加熱易氧化，易導致顏色變深

水果風味甘那許的配方和前面的打發甘那許類似，只是在液體中增加果泥。果泥不經過加熱，是因為有些果泥加熱後會氧化，導致顏色變深等問題。

・果泥以莓果類製作效果最佳

果泥份量可依喜好調整，但建議使用不會特別酸的（例如：檸檬）的果泥種類，能避免奶製品遇酸會凝乳。並且果泥應以莓果類為主（較濃稠），製作效果最佳。如果使用百香果泥，則因含水量太高，可能導致最終打發性降低，變得比較稀，也可以透過巧克力的份量調整，使濃稠度增加。

・利口酒為甘那許增加風味

利口酒可挑選喜歡的品牌和種類，主要目的是為甘那許增加一點點風味，若沒有也可省略。

— Crème mousseline —

慕斯林奶油餡

適合甜點╱榛果慕斯林奶油巴黎圈泡芙（P.76）、
　　　　　草莓芙蓮蛋糕（P.151）

完成份量╱約 500g

保存方式╱冷藏 3 天・冷凍 14 天

Matériaux
材－料

香草卡士達餡	500g（P.20）
無鹽奶油	170g

Étape
作－法

1 無鹽奶油放入盆中，以電動打蛋器的中速打軟，再繼續以高速打發至整體變白蓬鬆。

2 取一個鋼盆，置入完成的卡士達餡，以電動打蛋器的中速攪拌均勻至沒有顆粒。

3 分次加入作法 1 的奶油霜中，攪拌均勻，每次攪拌都需確認已拌勻，並使用矽膠刮刀將盆底與邊緣整理過沒有沉澱，才可以繼續加入奶油霜中。

重點提醒

・**無鹽奶油理想的打發溫度**
無鹽奶油必須是常溫退冰軟化的奶油，最好的打發溫度應在 26℃，可以得到最完美的乳化和打發效果。

・**慕斯林奶油餡特色**
有些甜點廚師會將慕斯林奶油餡製作蛋糕抹面，因為單純用卡士達餡太軟，只用奶油霜又太油膩。此外，正統的草莓芙蓮蛋糕中間也是使用慕斯林奶油餡當作內餡，但因口感較為濃郁，許多店家會使用香草慕斯或是外交官奶油餡搭配，降低油膩感。

・**慕斯林奶油餡冷凍後不宜再打發**
冷凍過的慕斯林奶油餡，即使退冰也不宜再打發，退冰後再攪拌，會呈油水分離狀。僅適合直接食用或當作甜點佐醬。

基本糕體&
塔酥皮

Chiffon

戚風蛋糕

適合甜點／各種蛋糕捲（P.157～160）

完成份量／6 吋 1 個・25×25cm 烤盤 1 盤

保存方式／冷藏 3 天・冷凍 14 天

Matériaux
材－料

蛋黃	45g	低筋麵粉	55g
沙拉油	20g	蛋白	90g
濃縮奶（or 牛奶）	42g	細砂糖	42g

Étape
作－法

圓形糕體

1 烤箱預熱至需要的溫度，圓形糕體為上火 170℃、下火 150℃（單火 160℃）。

2 蛋黃以手動打蛋器打散，加入沙拉油繼續攪拌均勻。

3 再加入濃縮奶（或牛奶），攪拌均勻。

 ▶  ▶

4 接著加入過篩的低筋麵粉，繼續攪拌均勻至沒有顆粒（不需過度攪拌），即為蛋黃糊。

5 取 1 個乾淨且無水無油的鋼盆，將冰的蛋白放入鋼盆，以電動打蛋器打至粗粒泡泡狀。

6 分 3 次加入細砂糖，起泡時加入第 1 次細砂糖，攪拌至看到稍有紋路。

7 加入第 2 次細砂糖，攪拌至看到明顯紋路。

8 加入第 3 次細砂糖，繼續攪打至蛋白霜呈堅挺有光澤，可關閉機器開關，將機器提起後檢查攪拌頭的蛋白霜堅挺程度。

9 使用最慢速度再攪拌約 30 秒鐘即可關機，並將攪拌頭上的蛋白霜在盆邊輕敲乾淨。

10 先取三分之一蛋白霜拌入作法 4 的蛋黃糊，用矽膠刮刀輕輕由下往上翻拌 8 成均勻。

11 再將剩下的三分之二蛋白霜和作法 10 輕輕攪拌均勻，即完成戚風蛋糕麵糊。

12 將麵糊裝入擠花袋，比較方便擠入 6 吋中空或天使模，用筷子插入麵糊輕輕攪動數下，並於桌面上敲 2 ～ 3 次排除多餘氣泡，再放入烤箱，烤焙 30 ～ 35 分鐘。

13 用竹籤或鐵針從糕體中間刺到底部後抽出，若沒看到濕潤的麵糊表示熟了；或用手指輕壓，感覺有彈性且壓下後糕體立刻回彈即可，在桌上敲一下並且立刻倒扣，放涼。

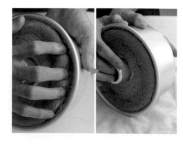

14 糕體進行脫模，用手將完全放涼的糕體邊緣輕輕往內撥，使其脫離模具，太深的部分撥不到則可在桌上將模具斜敲，使其分離。

15 底板小心往上推，並將底板的糕體撥離，取下底板即完成脫模，將表面的蛋糕皮屑輕輕拍除。

烤盤糕體

16 烤箱預熱至上火 190℃、下火 160℃（單火 175℃），麵糊作法和圓形糕體相同，參考作法 2 ～ 11。

17 烤盤先鋪 1 張烤焙紙，將拌好的麵糊倒入烤盤，用刮板抹平麵糊。

 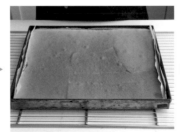 

18 於桌面上敲 2 ～ 3 次排除多餘氣泡，再放入烤箱，烤焙 8 ～ 10 分鐘至呈淺黃色，降溫至上火 170℃、下火 140℃（單火 155℃），繼續烤 6 ～ 8 分鐘至手指輕壓會立刻回彈即可出爐，總烤焙時間宜控制約 20 分鐘。

19 烤盤於桌面或地板上重敲一下，並以手捏住烤焙紙的方式將烤盤抽離，使糕體可以放在網架上，撕開四周烤焙紙，待涼。若要脫皮蛋糕，則使用另一個烤盤蓋上去倒扣，可參考海綿蛋糕作法 8 ～ 9（P.40）。

重
點
提
醒

- **麵糊增量計算方式**

  製作 8 吋糕體則所有材料乘 1.6 倍，烤焙 45 ～ 50 分鐘。常見烤盤尺寸為 40×30cm，其麵糊量可使用本配方 1.8 倍，將所有材料乘 1.8 倍，總烤焙時間約 25 分鐘。

- **同類型食材替換**

  沙拉油可以用玉米油、葵花油或橄欖油等替換；濃縮奶也可用淡奶、牛奶替換。

- **蛋白霜攪拌結果會影響麵糊消泡**

  蛋白霜打得好則麵糊攪拌不易消泡，而且麵糊呈現光澤滑順的狀態，即使倒入模具 5 分鐘未進烤箱，麵糊表面也不會有太多氣泡，並且是濃稠的。

- **蛋白霜分次和蛋黃糊攪拌的原因**

  蛋白霜分兩次拌入蛋黃糊，是因為蛋黃糊與蛋白霜完全不同質地，蛋黃糊很紮實且沒有空氣組織，而蛋白霜則是輕盈的空氣組織。兩者如果一次性攪拌，較容易出現攪拌不均勻。有些配方的蛋黃糊較濃稠，可能會因此出現結塊。所以先取約三分之一的蛋白霜進行攪拌，目的是軟化蛋黃糊，也增加蛋黃糊的空氣感，使兩者的質地可以接近一些，以利後續攪拌均勻。

- **打好的蛋白霜不宜放置**

  攪拌蛋白霜的最後階段若出現蛋白塊，導致無法拌勻，原因可能來自如下，蛋白過發太硬，攪拌動作太慢，蛋白已經乾掉。所以蛋白霜的製品中，打好的蛋白霜必須立刻與其他食材攪拌，不宜放置。

- **戚風麵糊完成後需立刻烤焙**

  如果麵糊攪拌完成很稀，倒入模具時不斷有氣泡冒上來，表示麵糊已經消泡了，則烤焙好的產品會不如預期的膨脹，口感也更紮實。如果遇到消泡，千萬別想著靠「多敲一敲」讓氣泡消失等方式挽救。消泡是不可逆現象，來自攪拌手法、蛋白霜穩定性這兩大主因。如果遇到了，就趕快進烤箱烤焙，使麵糊盡快定型即可，還稍微能救回來一些。

- **每台烤箱性能有差異，溫度視情況調整**

  如果按照書中的烤溫進行烤焙，時間已經超過了但還沒熟，可判定為烤箱溫度偏低，建議把烤溫增加 10 ～ 20℃。若是表面焦掉、中心沒熟，可以判定是上火溫度太高、下火太冷，則宜將上火降低 10 ～ 20℃、下火增加 10 ～ 20℃，依此類推。只要抓準邏輯，就可以進行調整。

口味替換方式
和常見糕體

　　許多甜點產品的糕體、餅乾麵團、塔皮、酥皮皆可替換口味，最簡單的方法是將 10％的麵粉乘 0.8 倍，替換成其他口味的調味粉（例如：無糖可可粉、抹茶粉等），需要乘 0.8 倍是因為這類細緻的調味粉吸水性比麵粉更強，所以減少一點點用量，以免麵糊過於濃稠。

　　如果是替換成堅果粉則不需減量，甚至直接替換 20％麵粉也可以；如果想加入茶葉，應使用茶包拆出來的茶葉才夠細緻，本人習慣是直接拌入麵糊，不需要過濾，更能保留茶粉外觀。

口味變化示範

口味	說明
巧克力	材料配方原本是 100g 的麵粉，則可以換成 90g 麵粉加入（10×0.8 ＝ 8g）無糖可可粉。
榛果	材料配方原為 100g 的麵粉，變成 80g 麵粉加入 20g 榛果粉。
伯爵茶	一個 6 吋蛋糕，於液體的部分（例如：牛奶、濃縮奶、水）加入 1 包拆開的伯爵茶包。
咖啡	一個 6 吋蛋糕，於液體的部分（例如：牛奶、濃縮奶、水）加入 3 ～ 5g 即溶咖啡粉一起加熱融化。

常見糕體種類和差異

蛋糕種類	油脂	蛋的處理	粉量	口感	適用
戚風蛋糕	液體油、沙拉油	打發蛋白→拌入麵糊	較少	細緻、輕柔、濕潤	適合製作生日蛋糕、蛋糕捲。
海綿蛋糕	奶油	全蛋打發	較多	比較紮實	可以單吃、生日蛋糕、較大量內餡的蛋糕捲。
分蛋海綿蛋糕（常見：手指蛋糕）	奶油	蛋白蛋黃各自打發→混合拌勻→加粉	較多	粗糙且乾	適合泡酒糖水等，例如：提拉米蘇的手指蛋糕。

Génoise

海綿蛋糕

適合甜點 / 咖啡焦糖流心海綿蛋糕捲（P.160）

完成份量 / 6 吋 2 個 · 25×25cm 烤盤 2 盤

保存方式 / 冷藏 3 天 · 冷凍 14 天

Matériaux
材 — 料

濃縮奶（or 牛奶）	72g	全蛋（去殼）	380g
即溶咖啡粉	8g	細砂糖	126g
無鹽奶油	64g	低筋麵粉	152g

Étape
作 — 法

烤盤糕體

1 烤箱預熱至需要的溫度，圓形糕體為上火 170℃、下火 150℃（單火 160℃）。

2 濃縮奶、無鹽奶油和即溶咖啡粉混合，以微波或文火加熱至微微冒煙，關火。

3 全蛋（連殼）7 ～ 8 個泡入微燙手的熱水中約 10 分鐘，使蛋的溫度上升至 35 ～ 40℃。

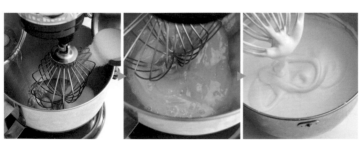

4 全蛋敲出後秤出需要的重量，可以將蛋打散後再秤，加入細砂糖，以電動打蛋器的高速打發，直到關機狀態下提起機器，麵糊自然往下流動且麵糊紋路不會消失，調回慢速攪拌約 30 秒鐘，使麵糊密度更細緻。

5 分兩次加入過篩的低筋麵粉，使用矽膠刮刀並以畫 J 字的方式，同時轉動鋼盆，使邊緣角落都能攪拌均勻。

6 接著將煮好的作法 2 咖啡奶糊加入麵糊中,攪拌均勻。

7 再倒入鋪烤焙紙的烤盤,用刮板抹平麵糊,於桌面上敲 2 ～ 3 次排除多餘氣泡,再放入烤箱,烤焙 13 ～ 15 分鐘至金黃色,用手指輕壓會立刻回彈即可出爐,烤盤於桌面或地板上重敲一下。

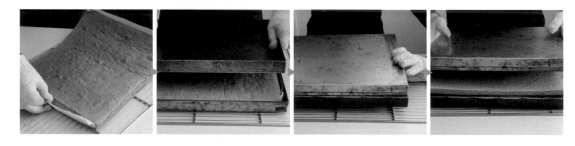

8 以手捏住烤焙紙的方式將烤盤抽離,使糕體可以放在網架上,撕開四周烤焙紙,待涼。或是使用同尺寸烤盤壓上去,並倒扣,使蛋糕完全貼在烤盤上。

9 將紙撕開並蓋回,可避免風乾,放涼後再倒扣回來,即可將蛋糕皮完全脫掉。

  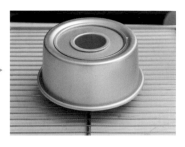

圓形糕體

10 烤箱預熱至上火 170℃、下火 150℃（單火 160℃），麵糊作法和烤盤糕體相同，參考作法 2 ～ 6，入模、烤焙、脫模方式和戚風蛋糕作法 12 ～ 15 相同（P.34 ～ 35）。

重點提醒

· **全蛋打發及拌粉動作必須確實**
海綿蛋糕的膨脹力較弱些，但烤焙端的穩定性與出爐後的狀態也較戚風蛋糕穩定些。困難的部分在於全蛋打發及拌粉的動作，很容易導致消泡。

· **蛋糊經過慢速攪拌 30 秒鐘更細緻**
作法 4 蛋糊因打發的氣泡組織非常粗大，很不穩定，所以將電動打蛋器調回慢速，並慢慢攪拌約 30 秒鐘，使麵糊密度更細緻。

· **透過調味粉變化糕體風味**
咖啡粉可依喜好加與省略，亦可使用 138g 低筋麵粉和 12g 無糖可可粉混合（或抹茶粉等各種細緻的調味粉變化風味）。咖啡粉因屬水溶性，所以可以和牛奶及奶油混合加熱至融化，而其他粉因吸水性極強，所以常見與低筋麵粉一起拌入。

· **海綿蛋糕與戚風蛋糕打發差異**
海綿蛋糕屬於全蛋打發型蛋糕，通常使用固體的油脂，最常見的就是奶油；而戚風蛋糕則是分蛋打發型蛋糕，以蛋黃糊拌入蛋白霜的方式，膨脹係數會更強。海綿蛋糕容易消泡，故一開始打發的過程需要長時間，但也因包含蛋黃（蛋黃是卵磷脂，本身就是穩定劑），穩定性會大幅增加，很少有攪拌過頭的情況，只擔心攪拌不夠。

—— *Biscuit cuillère* ——

手指蛋糕

適合甜點 ╱ 芒果夏洛特蛋糕（P.148）

完成份量 ╱ 6～7cm 長條一排（25cm）
直徑 6～7 吋 2 片

保存方式 ╱ 冷藏 3 天・冷凍 14 天

Matériaux 材－料		
蛋黃	56g
細砂糖（A）	34g
蛋白	85g
細砂糖（B）	50g
低筋麵粉	90g
糖粉	30g

Étape
作－法

長條糕體

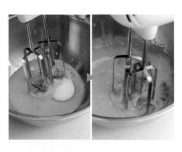  

1 蛋黃與細砂糖（A）混合，以電動打蛋器的高速打發至濃稠，即撈起蛋糊，滴下來可以維持 5 秒鐘才消失的程度。

2 將打蛋頭洗乾淨並擦乾，取另一個乾淨的盆子打發蛋白。蛋白和細砂糖（B）一次混合，打發至硬性發泡，即舉起打蛋器時，蛋白霜呈挺立且光亮狀態。

3 蛋白霜和蛋黃霜一次混合，使用矽膠刮刀攪拌均勻，再篩入一半的麵粉，使用矽膠刮刀翻拌至 8 成勻，再篩入剩餘麵粉翻拌均勻。

4 擠花袋內先放入直徑 1～1.5cm 圓口花嘴，將麵糊裝入擠花袋，前端剪好一個洞。

5 將麵糊擠在鋪烤焙紙的烤盤上，擠上由長度 6～7cm 所組成的一整排麵糊（總長約 25～28cm）。可先於烤焙紙上用筆畫出長度或形狀，讓麵糊擠得更工整一致。

6 篩上一層薄薄的糖粉，放入以上下火 180℃（單火 180℃）預熱好的烤箱，烤焙 8～10 分鐘至金黃色。

7 取出後放涼，再撕除烤焙紙即可。

圓形糕體

8 烤箱預熱至上下火 180℃（單火 180℃），麵糊作法和長條糕體相同，並裝入擠花袋，參考作法 1～4。

9 在鋪烤焙紙的烤盤擠上 2 片直徑 6～7 吋（大約 15～17.5cm）的圓形，由內往外盡量擠圓，可比實際需要的尺寸大一些，篩上一層薄薄的糖粉。

10 放入以上下火 180℃（單火 180℃）預熱好的烤箱，烤焙 8～10 分鐘至金黃色，取出後放涼，再撕除烤焙紙，依需要的尺寸修剪即可。

重點提醒

· **手指蛋糕屬於分蛋海棉糕體**

蛋黃與蛋白各自打發後拌勻，組織較粗糙且乾，因為孔洞組織很大，手指蛋糕非常適合吸收大量的液體，例如：咖啡酒糖水等，常見製作提拉米蘇，手指蛋糕吸滿咖啡酒糖水後當作蛋糕體。

· **低溫長時間烤乾為手指餅乾**

手指蛋糕和手指餅乾的配方一樣，手指蛋糕經過長時間低溫烤乾（180℃出爐後轉 120℃，再烤約 1 小時至乾），即為酥鬆的手指餅乾，但不適合單吃，務必搭配高含水量的食材或配方，口感才能均衡。

· **蛋白霜不宜太早打發**

蛋黃與細砂糖打發至濃稠，顏色幾乎是米白偏黃，不必擔心攪拌過頭，可以盡量攪拌久一點。而蛋白因攪拌後需立刻操作下一個步驟，所以蛋白霜一定要放在最後才攪拌。

· **桌上型攪拌機和手持電動打蛋器同步操作**

個人擁有桌上型攪拌機、手持電動打蛋器各一台，所以習慣先將蛋黃用桌上型攪拌機打發，再準備其他食材。等到蛋黃打發了，才使用手持式電動打蛋器將蛋白霜完成。兩者都完成時才關機，接著進行混合。因為蛋黃糊打發後靜置，多少會影響消泡。但大部分家中很少有這麼多機器，所以建議先完成蛋黃糊，再打發蛋白。

——— Pâte sucrée ———

基本塔皮

適合甜點 經典卡士達水果塔（P.164）、法式傳統檸檬塔（P.166）、
法式翻轉蘋果塔（P.169）、焦糖堅果塔（P.172）

完成份量 生塔皮麵團約 550g・2 吋塔殼約 20 個・6 吋塔殼約 4 個

保存方式 冷藏 3 天・冷凍 14 天

Matériaux 材－料	低筋麵粉	300g	糖粉	85g
	無鹽奶油	152g	全蛋	60g

Étape
作－法

2吋塔殼

1 將室溫軟化的無鹽奶油和糖粉混合，以手持電動打蛋器（或桌上型攪拌機搭配槳狀攪拌頭）拌勻。

2 加入全蛋攪拌均勻，接著加入過篩的低筋麵粉，攪拌成團，看到有一些拌不勻的粉類，可以先關機。

3 用矽膠刮刀（或軟刮板）整理盆邊，最後將麵團揉勻即可，不需要過度攪拌，以免麵團出筋。

4 將塔皮捏入2吋塔模，削除多餘的塔皮，用叉子在表面戳洞，冷凍至少1小時使其定型，並且麵筋得到完整的鬆弛。

5 從冰箱取出後不用退冰，鋪入1張烤焙紙並放入綠豆（或重石）。

6 再放入以上火170℃、下火150℃（單火160℃）預熱好的烤箱，烤焙約15分鐘看到邊緣稍微金黃色即取出，並移走重石與烤焙紙。

7 繼續烤約5分鐘使中間也上色，烤完後整體呈現淺金黃色，此時稱為空塔殼，放涼後即可使用或冷凍保存。

6吋塔殼

8 烤箱預熱至上火 170℃、下火 150℃（單火 160℃），麵團作法和 2 吋塔皮相同，參考作法 1 ～ 3。

9 將拌好的塔皮麵團壓入 6 吋塔模，削除多餘的塔皮，用叉子在表面戳洞，冷凍至少 1 小時使其定型，並且麵筋得到完整的鬆弛。

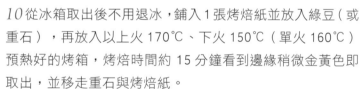

10 從冰箱取出後不用退冰，鋪入 1 張烤焙紙並放入綠豆（或重石），再放入以上火 170℃、下火 150℃（單火 160℃）預熱好的烤箱，烤焙時間約 15 分鐘看到邊緣稍微金黃色即取出，並移走重石與烤焙紙。

11 繼續烤約 5 分鐘使中間上色，整體呈現淺金黃色，放涼後使用或冷凍保存。

重點提醒

· **塔皮可先捏入模冷凍**

　塔皮麵團攪拌過程一定會有筋性，傳統方式習慣製作一大批放在冷凍，使用時取適量退冰即可。

· **塔皮避免打發，冷凍後減少縮皮**

　塔皮的攪拌過程拌勻就好，全程不需要打發，避免塔皮變成酥餅口感；如果捏完的塔皮，沒有經過冷凍而直接烤，皮會倒縮的。

· **塔皮厚度影響烤焙時間**

　作法 6 ～ 7 的烤焙時間適用 2 ～ 8 吋塔殼，此為參考值。由於塔皮厚度或超過 8 吋會影響烤焙時間，應以實際厚度和烤焙顏色來增減時間為宜。

—— Mille-feuille ——

基本酥皮

適合甜點 ╱ 聖多諾泡芙（P.79）、蘋果香頌（P.174）、法式卡士達草莓千層酥（P.178）

完成份量 ╱ 約 660g

保存方式 ╱ 冷藏 3 天・冷凍 14 天

Matériaux
材－料

裹入油

冷藏無鹽奶油（or 無水奶油片）	220g

麵皮

低筋麵粉	190g
中筋麵粉	110g
水	140g
鹽	2g
醋	2g
無鹽奶油	55g

Étape
作－法

裹入油冷凍

1 裹入油裝入塑膠袋，以擀麵棍敲擊均勻，再整成約 21cm 正方形後包好，冷凍約 1 小時至硬。

麵皮

2 低筋麵粉和中筋麵粉混合並過篩。

3 水、鹽和醋混合拌勻，加入已微波或文火融化的無鹽奶油，攪拌均勻。

4 再倒入粉類中繼續拌勻，用擀麵棍拌勻，再換手揉方式揉成大致均勻的不光滑麵團，將麵團整成圓形。

5 用剪刀從中間剪出一個十字刀痕，使麵團可以向外撥開成稍微方形。

6 將麵團擀開 22×45cm 長方形，尺寸接近即可。

包裹入油

7 冷凍過的裹入油放在麵皮中間，將兩側的麵皮拉起向中間靠攏，收口處捏緊。

8 再整成工整的正方形，並用保鮮膜包好後冷藏至少 4 小時。取出後進行擀折，常見方式有四折 3 次法、三折 6 次法，本書示範四折 3 次法。

51

四折3次法

9 麵團取出稍微退冰，直到壓下去不會回彈且中間包裹的奶油可以壓下即可，再慢慢擀壓成 3～4 倍的長度。

10 進行四折 3 次法第 1 次，以麵皮中間為基準，最外側兩端往內折至約四分之一，中間需空隙約 2～3cm，再對折，變成一塊 4 層的麵團，保鮮膜包好後冷藏至少 2 小時讓麵筋鬆弛。

11 進行第 2 次擀折，將冷藏後的麵皮擀成 3～4 倍的長方形，拉起兩端麵皮往中間折入，再對折變成 4 層的麵團。

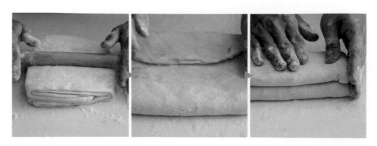

12 使用保鮮膜包好後,放入冰箱冷藏 2 小時,即完成第 2 次四折。

13 進行第 3 次擀折,再次將冷藏後的麵皮擀成 3 ～ 4 倍的長方形,拉起兩端麵皮往中間折入,中間需空隙約 1 ～ 2cm,再對折即完成酥皮半成品,或保鮮膜包好後冷藏保存,隨時可使用。

重點提醒

·麵皮加鹽與醋目的

讓產品延展性更好,而且酥皮不容易生黴菌。

·無水奶油片替換冷藏無鹽奶油

如果能使用無水奶油片替代冷藏無鹽奶油,其酥皮層次效果更佳,這是專門給包酥的產品使用。

·斷酥與混酥說明

冷藏階段除了讓麵筋鬆弛,也讓皮和油的溫度達到一致,在擀製時較不容易因為奶油太硬,而被擀斷的情況,此稱為「斷酥」。如果整個酥皮太軟,應冷藏一陣子後再繼續,奶油太軟若硬擀,可能會導致油層和麵層融合,變成「混酥」而失去層次。

·搭配手粉擀製,避免破酥

擀折時應搭配適量手粉(以高筋麵粉為佳),尤其擀折到後面階段,麵皮非常薄,很容易黏在桌面上,一拉起來就會破皮。每次擀折完,可以用擀麵棍敲一敲,讓麵皮可以更貼合。

·操作三折 6 次法

三折六法的每次擀折後非要鬆弛,到第 3 次或第 4 次時,在壓下不回彈的情況下,可以連續擀折兩次也可以。

·裹油類產品常見手法

將麵團包入奶油,經過多次的擀開與折疊,堆疊出上千個層次,分成如下三種:

❶ **快速開酥**:製作麵團時,將冷藏奶油塊揉入,經過擀折後可以做出類似效果。

❷ **皮包油酥(正酥)**:這是最常見,是比較容易學會的手法,也是本書示範手法。製作一塊麵團,包入奶油片,經過多次擀折後堆疊出層次。

❸ **油包麵酥(反酥)**:這種手法常出現在高價位的產品,奶油加入麵粉後,將奶油擀開,包入麵皮,製作完成的組織更酥鬆、口感較柔和。但製作過程較為繁瑣,也比較難用手擀開(通常需使用壓麵機),對室溫環境與麵團溫度控制更嚴格,所以比較少見,成本也會反應在售價上。

Chapter

4

— Quatre —

餅乾 &
泡芙

Sablé

沙布蕾水晶餅乾

完成份量 約 25 片
保存方式 常温 7 天・冷凍 30 天

Matériaux
材 — 料

麵團

無鹽奶油	70g
糖粉	30g
全蛋	10g
低筋麵粉	100g
杏仁粉	15g

裝飾

水	300g
細砂糖	500g

Étape
作 — 法

麵團

1 將室溫軟化的無鹽奶油和糖粉混合，以手持電動打蛋器（或桌上型攪拌機搭配槳狀攪拌頭）攪拌均勻即可，不需要打發。

2 分兩次加入全蛋（全蛋應室溫，不要太冰），繼續攪拌均勻。

3 再加入已過篩的低筋麵粉和杏仁粉，攪拌均勻即可。

4 看到有一些拌不勻的粉類，可以先關機，用矽膠刮刀（或軟刮板）整理盆邊，最後將麵團揉勻即可，不需要過度攪拌，以免麵團出筋。

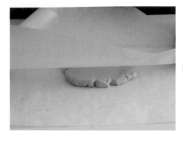  

5 趁麵團比較軟的時候，以上下兩張烤焙紙夾著，用擀麵棍均勻擀成厚度約 1cm，冷凍約 30 分鐘（或冷藏 1 小時）至硬後取出，撕開上下烤焙紙。

6 再使用直徑 3.5 ～ 4cm 圓切模切出約 25 片圓形。

7 接著將餅乾麵團外圈先沾上一層水，再沾黏一層細砂糖，類似水晶玻璃效果。

 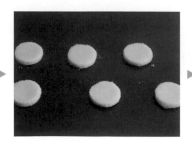 

8 放入以上火 170℃、下火 150℃（單火 165℃）預熱好的烤箱，烤焙約 15 分鐘至淺金黃色，取出後放涼。

重點提醒

· **應用於慕斯蛋糕或泡芙的底板**

這組餅乾配方非常穩定，可以做成餅乾，亦可做成塔皮，也能當作慕斯蛋糕的底板、聖多諾泡芙的底板，應用範圍非常廣。或是調整配方中的粉量，變成各種口味，是一款千變萬化的麵團。

· **做出更多口味的餅乾**

材料配方原本是 100g 的麵粉，則可以換成 90g 麵粉加入（10×0.8 ＝ 8g）抹茶粉或無糖可可粉；或將杏仁粉變成榛果粉等堅果粉；也可以同時替換配方中兩種粉類，變成榛果可可口味等；亦可增加堅果粉量，最多到 45g，並同時減少麵粉量，條件是總粉量不能有太大的變化即可。

· **麵團出現筋性必須冰過**

有麵粉的產品，只要攪拌成團，一定會出現筋性，所以每次延壓、擀折、搓揉後，建議至少冷凍約 30 分鐘（或冷藏 1 小時）。

· **遇到麵團變軟趕快進冰箱**

麵團擀好或成型後必須冰過才能切割，待切割後不需要進行鬆弛即可烤焙。切割有時候因製作份量較大，導致切到後面麵團已經軟掉，可以再進冰箱一陣子後再繼續切，不必顧慮重複的冰硬流程。

· **餅乾麵團另一種整型法**

將揉勻的的麵團用保鮮膜包起來後冷藏至硬，取出後稍微退冰再整成圓柱狀。將麵團再次冷凍變成硬棍，取出後直接置於水龍頭底下，讓整根麵團都接觸到水，並沾上細砂糖待稍微軟化時，把握時間使用利刀切割成厚度約 1cm 的圓片，再排入鋪烤焙紙的烤盤，以上火 170℃、下火 150℃烤約 15 分鐘。雖然製程較花時間，但形狀可以更工整，而且圓柱麵團方便冷凍保存（約 30 天），隨時可以切割烤焙。

· **冷凍後的餅乾，退冰後低溫回烤**

放涼的餅乾若短時間吃不完，可以密封後冷凍約 30 天，取出時以 100 ～ 120℃低溫烤 15 ～ 20 分鐘，使麵團的水分蒸發，才能恢復餅乾口感。

Sablé

Langues de chat

法式貓舌餅

完成份量／30 片
保存方式／常溫 7 天・冷凍 30 天

Matériaux
材－料

麵糊

無鹽奶油	40g
細砂糖	40g
蛋白	35g
低筋麵粉	40g

Étape
作－法

麵糊

1 將室溫軟化的無鹽奶油和細砂糖混合，以手持電動打蛋器（或桌上型攪拌機搭配槳狀攪拌頭）攪拌至變白。

2 分兩次加入蛋白繼續拌勻，可加入約 1g 香草莢醬增加餅乾風味。

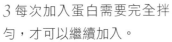

3 每次加入蛋白需要完全拌勻，才可以繼續加入。

4 接著加入已過篩的低筋麵粉，繼續拌勻即可，不需要過度攪拌。

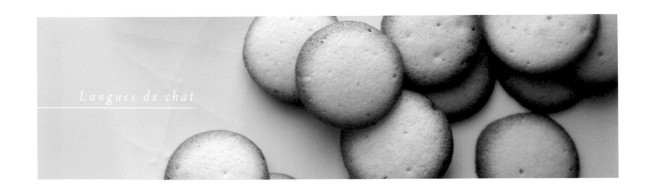

Langues de chat

擠
入
烤
盤

4 擠花袋搭配直徑 1 ～ 1.5cm 圓口花嘴，將麵糊裝入擠花袋，擠在不沾塗層烤盤上，盡量擠立體些，烤焙後能避免太扁平。

烤
焙

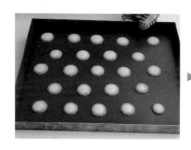 

5 放入以上火 170℃、下火 150℃（單火 165℃）預熱好的烤箱，烤焙約 10 分鐘至周圍呈淺金黃色、中心稍微白一點，取出後放涼。

重
點
提
醒

· 適時將烤盤調頭，烤得更均勻
　貓舌餅是一款經典的法式餅乾，作法非常簡單，但很容易烤不均勻，所以盡量將每個麵糊擠一樣大，烤的過程中可以依照顏色判斷是否需將烤盤前後調頭，通常靠近烤箱內側的餅乾會先上色，此時可以調頭繼續烤。

· 夾入喜歡的餡變成夾心餅乾
　餅乾直接吃比較單調，但也是最傳統的吃法。現今有日本廠商將貓舌餅包入巧克力餡，變成夾心餅乾，你也可試試夾入打發甘那許（P.26），但夾完餡後需要冷藏 7 天或冷凍 30 天內吃完，不宜常溫（除非室溫低於 18℃）。

· 冷凍後的餅乾，退冰後低溫回烤
　放涼的餅乾若短時間吃不完，可以密封後冷凍約 30 天，取出時以 100 ～ 120℃低溫烤 15 ～ 20 分鐘，使麵團的水分蒸發，才不會有軟皮的狀況。

Sablé d'amande et au chocolat

可可杏仁切片餅乾

完成份量 ／ 20 片
保存方式 ／ 常溫 7 天・冷凍 30 天

Matériaux
材 - 料

麵團

麵團		低筋麵粉	112g
無鹽奶油	75g	無糖可可粉	10g
糖粉	45g	杏仁粉	15g
全蛋	25g	杏仁片	40g

Étape
作 - 法

麵團

1 將室溫軟化的無鹽奶油和糖粉混合，以手持電動打蛋器（或桌上型攪拌機搭配槳狀攪拌頭）攪拌至均勻，不需要打發。

2 分兩次加入全蛋（全蛋應室溫，不要太冰），繼續攪拌均勻。

3 接著加入已過篩的低筋麵粉、可可粉和杏仁粉，繼續拌勻即可，不需要過度攪拌。

 ▶  ▶

4 看到有一些拌不勻的粉類，可以先關機，用矽膠刮刀（或軟刮板）整理盆邊，最後將麵團揉勻即可，不需要過度攪拌，以免麵團出筋，最後加入杏仁片揉勻。

整型

5 將麵團整成切面 4×3cm 的長方柱，冷藏至少 1 小時，取出後趁半軟硬時，立刻用利刀切割成厚度 1cm 的片狀。

烤焙

6 接著排入不沾塗層烤盤上，放入以上火 170℃、下火 150℃（單火 165℃）預熱好的烤箱，烤焙約 15 分鐘至熟，取出後放涼。

重點提醒

· **麵團整型後冷凍，隨時可切來烤**

這個整型作法是許多五星級飯店常用的方法，一次攪拌十多公斤的麵團，用厚烤盤成型進行冷凍（約保存 30 天），需要使用時取出退冰，再切成條狀或片狀，進行烤焙。

· **食材替換變化多種口味**

杏仁片可換成南瓜籽、杏仁條、松子等較迷你的堅果，份量可依個人喜好調整。本配方直接將無糖可可粉換成其他調味粉（例如：抹茶粉、竹炭粉）；或是 125g 低筋麵粉，額外加 1 ～ 2 包的茶葉（撕開後倒粉進去），可烤出茶口味的餅乾。

· **冷凍後的餅乾，退冰後低溫回烤**

放涼的餅乾若短時間吃不完，可以密封後冷凍約 30 天，取出時以 100 ～ 120℃低溫烤 15 ～ 20 分鐘，使麵團的水分蒸發，才不會有軟皮的狀況。

Galette bretonne

布列塔尼酥餅

完成份量／4 個
保存方式／常溫 5 天‧冷凍 30 天

材-料
Matériaux

麵團
無鹽奶油	34g
細砂糖	30g
蛋黃	16g
中筋麵粉	68g

杏仁粉	34g
泡打粉	1g
鹽	1g
奶粉	10g
濃縮奶（or 牛奶）	10g

裝飾
蛋黃 1 個

作-法
Étape

麵團

1 將室溫軟化的無鹽奶油和細砂糖混合，以手持電動打蛋器（或桌上型攪拌機搭配槳狀攪拌頭）攪拌至變白，微發即可，太發容易讓產品過度酥鬆、沒有紮實感，接著加入蛋黃，繼續攪拌均勻。

2 再加入已過篩的中筋麵粉、杏仁粉、泡打粉、鹽和奶粉，繼續拌勻即可。

3 接著倒入濃縮奶，拌勻成團，不需要過度攪拌。

整型

4 趁麵團比較軟的時候，以上下兩張烤焙紙夾著，稍微壓扁後用擀麵棍均勻擀成厚度約 1.5cm，冷凍約 15 分鐘（或冷藏 30 分鐘）至硬後取出，撕開上下烤焙紙。

5 再使用直徑約 6cm 圓切模，切出約 4 片圓形。

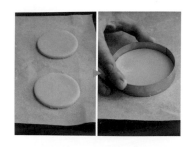 

6 趁還偏硬的時候，立刻將壓好的麵皮放到鋪烤焙紙的烤盤上，每個都需要套上 1 個圓切模，能避免烤焙後變形。

7 使用毛刷刷打散的蛋黃薄薄一層，放置約 5 分鐘待乾燥，再用叉子在表面畫上多條十字紋路。

烤焙

8 放入以上下火 170℃（單火 170℃）預熱好的烤箱，烤焙約 20 分鐘至正反兩面呈金黃色，取出後放涼，模具脫除即可。

重點提醒

- **蛋黃增加酥鬆度，中筋麵粉增添紮實感**

  麵團中加入蛋黃而不使用蛋白，主因是蛋黃能使產品更加酥鬆，如果加入蛋白則較為硬實。使用中筋麵粉，是想讓產品增添一些紮實感，亦可換成低筋麵粉。這款配方非常穩定且基本，可以自由調整粉類的重量，變換其他口味（可參考 P.37）。

- **麵團冰過鬆弛，避免餅乾縮小或變形**

  麵團攪拌完成務必冰過鬆弛，才可以烤焙；若未鬆弛烤焙，則餅乾容易縮小或變形，口感也變得不酥鬆，只剩紮實感。

- **冷凍後的餅乾，退冰後低溫回烤**

  放涼的餅乾若短時間吃不完，可以密封後冷凍約 30 天，取出時以 100～120℃低溫烤 15～20 分鐘，使麵團的水分蒸發，才不會有軟皮的狀況。

- **製作灌餡版布列塔尼酥餅**

  市面上有一次性鋁杯，只需將攪拌好的麵團按壓進去，用手整平後烤焙。可先取適量麵團捏入鋁杯中，類似塔皮一樣，接著灌入甘那許或喜歡的果餡、果醬等，冷凍至硬後再覆蓋一層麵團並捏緊，連同模具一起烤焙，就能完成灌餡版布列塔尼酥餅。

Florentine's biscuits

佛羅倫丁杏仁餅

完成份量 / 6 片
保存方式 / 常溫 7 天・麵團冷凍 30 天

Matériaux
材－料

餅乾底		杏仁糖餡		細砂糖	25g
無鹽奶油	35g	杏仁片	35g	蔓越莓乾	15g
糖粉	20g	無鹽奶油	15g		
全蛋	15g	濃縮奶（or 牛奶）	7g		
中筋麵粉	60g	水	7g		
杏仁粉	10g	蜂蜜	10g		

Étape
作－法

餅乾底

1 將室溫軟化的無鹽奶油和糖粉混合，以矽膠刮刀（或手持電動打蛋器）攪拌均勻，不需要打發，再加入全蛋拌勻。

2 接著加入已過篩的低筋麵粉和杏仁粉。

3 繼續以刮刀攪拌成團，不需要過度攪拌。

4 將麵團壓入 8 吋方形慕斯框（或擀成 14.5cm 正方形），並使用叉子在表面戳洞，冷凍約 1 小時後取出，以上火 180℃、下火 160℃（單火 170℃）烤 12～15 分鐘至半熟的淺金黃色，取出。

Florentine's biscuits

杏仁糖餡

5 杏仁片鋪入烤盤,以上下火 180℃(單火 180℃)烤約 5 分鐘至金黃色後取出,不時觀察,勿烤過頭。

6 將無鹽奶油、濃縮奶、水、蜂蜜和細砂糖混合,以小火煮到完全融化、微微沸騰,拌入已烤好的杏仁片及蔓越莓乾,用矽膠刮刀拌勻。

7 再均勻鋪在作法 4 上方,再次進烤箱,以上火 180℃、下火 160℃(單火 170℃)烤 12 ~ 15 分鐘至金黃色,趁熱切割成 6 片長方形,放涼即可食用。

重點提醒

· **餅乾底二次加熱時間需留意**
  餅乾底於第一階段烤焙時間不宜太久,會影響第二階段加熱時烤太黑。出爐一定要趁熱切,不然杏仁糖餡會變硬,就切不動了。

· **杏仁糖餡的堅果可以自由調整**
  常見有南瓜子、葵花子等,但份量不宜增加太多,以免糖漿不足而造成果仁浮在餅乾上面。

各種泡芙麵團
的特色比較

泡芙基本的食材是油、水、粉、蛋，在使用不同食材時，呈現的效果會有些許差異，這邊以列表方式呈現，讓大家更清楚。殼與餡的保存方式也不同，所以一般都建議在品嚐或販售前才進行灌餡組合。

食材與膨脹關係

食材	前者	後者
奶油／沙拉油	使用奶油的膨脹係數較小。	用液體植物油的膨脹係數較大。
水／牛奶	使用水的膨脹係數較大。	使用牛奶的膨脹係數較小。
高筋麵粉／低筋麵粉	使用高筋麵粉的殼薄，但膨脹係數較大。	使用低筋麵粉殼較厚酥，但膨脹係數較小。

泡芙皮特色與外觀比較

品項	泡芙皮配方特色	外觀和其他比較
傳統卡士達大泡芙	使用的食材都是特別容易膨脹的食材，也未經過慢速攪打，完全呈現自然且不規則的爆炸外觀。	表面因有自然膨脹裂痕，整體非常自然美麗，搭配刷蛋與撒上糖，烤焙後呈現的色澤較深。
巧克力閃電泡芙	使用的穩定性高的麵團，擠的時候需要更小心，一點點的空氣就會導致成品歪斜。噴上烤盤油是為了讓表面不容易結皮，而篩糖粉則是讓它更容易有漂亮的色澤；當然也可以放上酥皮，呈現類似效果。	沒有放酥皮的泡芙，都需小心擠，即使是一點點的瑕疵（例如：氣泡、歪斜），在烤焙後都會呈現至少 3 倍明顯度。

Profiteroles

榛果慕斯林奶油巴黎圈泡芙 	配方穩定性高，這款產品放上酥皮並擠成圓圈，因擠成圓圈會有交接處的瑕疵，放上酥皮可以很有效的遮醜。	許多泡芙都會放上酥皮，即使是圓形也一樣，針對擠圓形技術入門者來說，放上酥皮可以讓泡芙不管擠得如何，膨脹後都是漂亮的圓形。
聖多諾泡芙 	這款泡芙可以稱為傳統酥皮泡芙的縮小版，因放上酥皮，擠的技巧就可以降低一點要求，不會因為擠的時候出現一點點紋路而整個歪斜。	這個產品的重點除了在於泡芙的酥皮外，同時裝飾焦糖。也可省略焦糖，改以調溫好的巧克力進行表面批覆。泡芙本身就是主角，而聖多諾則需搭配香緹奶油餡裝飾，搭配酥皮搖身變成經典的法式甜點。

Éclair

巧克力閃電泡芙

完成份量 / 10 個

保存方式 / 泡芙殼冷藏 3 天、冷凍 14 天，

殼與餡組合好可冷凍 14 天．沾巧克力淋面後冷藏 3 天

材 – 料

泡芙殼

水	75g
牛奶	75g
無鹽奶油	120g
鹽	4g
細砂糖	10g
中筋麵粉	140g
全蛋	260 ～ 300g
糖粉	20 ～ 30g

夾餡

打發甘那許	300g（P.26）

裝飾

巧克力淋面	1 份（P.143）
榛果粒（切半）	約 10 粒
金箔	適量

作 – 法

泡芙殼

1 將水、牛奶、奶油、鹽和細砂糖放入湯鍋，以小火煮滾，關火。

2 加入中筋麵粉，再開小火，用擀麵棍攪拌麵團至完全均勻成團，關火。

3 立即倒入鋼盆降溫，接著分次加入全蛋，以桌上型電動攪拌機攪拌（或手持電動打蛋器）至均勻後，以低速攪拌約 30 分鐘到麵團撈起來，下垂會流下倒三角的狀態，全蛋份量可視此狀態增減。

4 擠花袋搭配鋸齒花嘴，裝入麵團後在鋪不沾油布（或有洞的矽膠墊）烤盤上，擠出長度 10cm 大約 10 條。

5 在擠好的泡芙表面噴上一層烤盤油（或用毛刷刷上一層薄薄的液態植物油，比如沙拉油），接著均勻篩上糖粉，使泡芙更容易上色。

6 放入以上下火 180℃（單火 180℃）預熱好的烤箱，烤焙 25 ～ 30 分鐘至金黃色，取出後放涼。

擠餡裝飾

7 前一天先製作好打發甘那許，擠餡前再打發。

8 使用筷子或尖銳小刀，在泡芙底部插上 3 個洞，擠入適量打發甘那許，再冷凍保存，食用前再裝飾。

9 將巧克力淋面以微波方式融化約二分之一，接著用均質機攪拌至呈現濃稠狀，再倒入鋼盆或淺鐵盤，以方便沾取。

10 將泡芙輕輕放入巧克力淋面，確定每個面都沾到後斜斜拿起，讓多餘的淋面流掉。

11 放上低溫 160℃烤焙 10 分鐘上色的榛果粒，以金箔點綴即可。

重點提醒

· 泡芙殼麵團低速攪拌
以低速慢慢攪拌 30 分鐘可穩定泡芙殼麵團，使麵團達到均質化細緻狀態，並降低後續烤焙亂膨脹及避免側裂狀態。

· 適當降低膨脹係數，保持一些膨脹性
配方使用牛奶加水，同時無鹽奶油及中筋麵粉，可以降低膨脹係數，也使形狀更完整。但配方依然有水、麵粉，非全部低筋麵粉，所以還是能保持一些膨脹性。

· 泡芙殼麵團噴水目的
在泡芙麵團表面噴一層水，烘烤時表面先乾燥後接著膨脹，所以會出現各種裂紋。

· 沾到較多的巧克力淋面
泡芙角落最容易沾到較多的淋面，可以來回沾底下的容器使多餘的淋面掉落。並搭配喜歡的內餡，淋面亦可使用常見的慕斯蛋糕糖漿淋面製作，變成各色巧克力閃電泡芙。

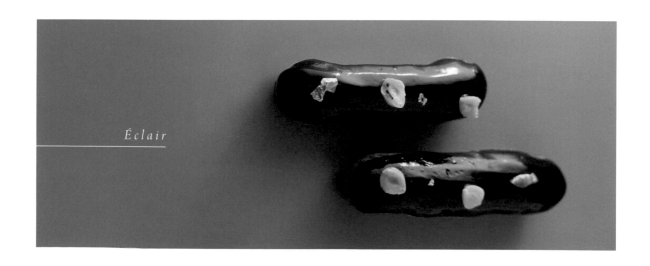

Éclair

Paris-brest

榛果慕斯林奶油
巴黎圈泡芙

完成份量 ／ 4 個

保存方式 ／ 酥皮冷藏 3 天、冷凍 14 天，殼與餡組合好可冷藏 3 天

Matériaux
材－料

酥皮

無鹽奶油	75g
細砂糖	60g
低筋麵粉	70g
杏仁粉	20g
蛋黃	1 個
榛果粒（切細粒）	約 15 顆

泡芙殼

閃電泡芙殼麵團	1 份（P.72）

夾餡

慕斯林奶油餡	330g（P.30）
榛果醬（A）	50g
榛果醬（B）	20g

裝飾

防潮糖粉	20g

酥皮

1 酥皮可以提前製作，冷凍可保存 14 天。將退冰的無鹽奶油與細砂糖混合，以矽膠刮刀（或手持電動打蛋器）稍微拌勻，加入過篩的低筋麵粉和杏仁粉，繼續拌勻。

2 取兩張烤焙紙上下層夾著，並以擀麵棍擀開成厚度約 0.3cm 長方形，再冷凍約 10 分鐘鬆弛。取出後撕除上下烘焙紙，並使用直徑約 8cm 的圓切模壓出 4 片。剩餘的酥皮可以集合後擀開再次利用。

3 每片酥皮表面刷上一層蛋黃，並撒上榛果碎，蓋上烤焙紙後以擀麵棍輕壓，讓榛果粒定型，包裹好後冷凍保存。

泡芙麵團定型

4 取直徑約 8cm 的圓切模沾適量麵粉，於不沾油布蓋上 4 個當記號。

5 擠上 3 圈閃電泡芙殼麵團，由外向內圈擠，交界相黏處需錯開，避免泡芙其中一段很臃腫。

78

6 蓋上冷凍的榛果碎酥皮，放入以上下火 180℃（單火
180℃）預熱好的烤箱，烤焙約 40 分鐘，取出後放涼。

7 慕斯林奶油餡和榛果醬
（A）拌勻，裝入套鋸齒花
嘴的擠花袋。以鋸齒刀將酥
皮泡芙殼橫剖，位置大約是
由上往下 1/3 處。

8 在酥皮泡芙下半部擠上適量榛果慕斯林奶油餡，再擠上
榛果醬（B），接著將剩餘慕斯林奶油榛果餡擠上，並以繞
圈的方式進行，花紋會比較豐富。

9 蓋上酥皮泡芙上半部，均勻篩上防潮糖粉即可，或是在
表面擠上更多榛果醬。

重點提醒

· 形狀可依個人喜好調整
　以圓口花嘴擠成一球一球的圓形，做出來類似多拿滋甜甜圈造型。
· 慕斯林奶油餡變成咖啡口味
　慕斯林奶油餡中的榛果醬可不加，變成原味的泡芙，亦可加入適量咖啡濃縮液，變成咖啡口味。

—— Saint-honoré ——

聖多諾泡芙

完成份量 ╱ 5 個

保存方式 ╱ 泡芙殼冷藏 3 天、冷凍 14 天，

殼與餡組合好可冷藏 3 天

Matériaux
材－料

泡芙體

基本酥皮	1/2 份（P.48）	
閃電泡芙殼麵團	1 份（P.72）	
榛果巴黎圈泡芙酥皮	1 份（P.76，去除榛果粒）	

焦糖

細砂糖	150g

內餡

香緹奶油餡	1 份（P.24）

Étape
作－法

泡芙體

1 將基本酥皮擀成厚度 0.3cm 長方形，放入以上下火 190℃（單火 190℃）預熱好的烤箱，烤焙約 10 分鐘膨脹後取出，依序鋪上 1 張烤焙紙，再蓋上烤盤並壓平。

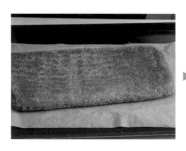  

2 繼續烤約 10 分鐘至金黃色，取出後趁熱修邊，切成約 6cm 的正方形。

3 製作小泡芙，閃電泡芙殼麵團裝入套圓口花嘴的擠花袋，擠約直徑 1.5 ～ 2cm 於鋪不沾油布烤盤上，共 25 個，並放上同尺寸的榛果巴黎圈泡芙酥皮。

4 再放入以上下火 180℃（單火 180℃）預熱好的烤箱，烤焙大約 20 ～ 25 分鐘，取出後放涼。

焦糖

5 細砂糖放入湯鍋，以小火邊加熱邊攪拌，直到糖呈深咖啡色焦化狀態，離火後泡一下冷水，讓焦糖不繼續上色且維持稍有濃稠度備用。

擠餡組合

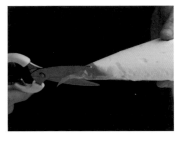 

6 香緹奶油餡裝入擠花袋，剪斜口，剩餘的香緹奶油餡冷藏保存。

7 用尖銳小刀在每個小泡芙底部戳出小洞，再擠入適量香緹奶油餡，沾上焦糖。

8 在放涼的酥皮4個角落擠上小圓點香緹奶油餡，再擠上水滴狀香緹奶油餡，將小泡芙放在4個角落並黏穩固。

9 接著擠上香緹奶油餡於十字縫隙裝飾，最後於中間放上1個小泡芙即可。

重點提醒

- **酥皮烤後再切割**

  酥皮切完後烤焙，將有一定程度縮小，所以建議等烤焙後才切割。但若遇到製作圓形酥皮時，就得先切好再烤，則尺寸可以把需求尺寸乘上 1.3 ～ 1.4 倍，但烤焙完成的成品形狀可能沒那麼圓。

- **黏著的香緹奶油餡替換**

  於酥皮角落的香緹鮮奶油餡可用筷子沾上少量焦糖替換，或是另外準備一些調溫巧克力進行黏著。

———— Profiteroles ————

傳統卡士達大泡芙

完成份量 / 5 個
保存方式 / 泡芙殼冷藏 3 天、冷凍 14 天・殼與餡組合好可冷藏 3 天

83

<table>
<tr><td>Matériaux
材－料</td><td>泡芙殼</td><td></td><td>裝飾</td><td></td></tr>
</table>

Matériaux 材－料	泡芙殼		裝飾	
	水	200g	全蛋（B）	1 個
	沙拉油	120g	二號砂糖	20g
	鹽	4g	防潮糖粉	20g
	細砂糖	10g		
	高筋麵粉	140g	**夾餡**	
	全蛋（A）	260 〜 300g	外交官奶油餡	1 份（P.22）
			新鮮草莓（去蒂頭切半）	4 個

Étape
作－法

泡芙殼

1 水、沙拉油、鹽和細砂糖混合，以中小火加熱到完全沸騰，關火。

2 再加入高筋麵粉，立刻以矽膠刮刀或木杓拌勻（若份量較多可用擀麵棍攪拌），開小火加熱並持續拌炒至鍋邊有一層薄膜的麵團，關火。

3 將麵團倒入另一個盆內，以手持電動打蛋器攪拌，使熱氣消散，也可使用桌上型電動攪拌機攪拌。

4 分次慢慢加入室溫狀態的全蛋（A），攪拌到麵團撈起來，下垂會流下倒三角的狀態即可，全蛋份量可視此狀態增減。

烤焙

5 搭配鋸齒花嘴的麵團擠在鋪不沾油布的烤盤上，擠法類似畫聖誕樹向上擠。每個底寬 5× 高 3.5cm，刷上打散的全蛋（B），均勻撒上二號砂糖。

6 放入以上下火 180℃（單火 180℃）預熱好的烤箱，烤焙約 45 分鐘至微焦黃，取出後放涼。

組合裝飾

7 食用前再夾餡，外交官奶油餡裝入擠花袋（不需搭配花嘴）。將泡芙殼橫剖，依序擠入適量餡、夾入草莓、篩上防潮糖粉。

8 或是將泡芙殼底部戳 1 個小洞，擠入適量外交官奶油餡即可。

重點提醒

· 烤泡芙過程勿開烤箱門

烤泡芙過程記得不可打開烤箱門，當冷空氣一旦進入烤箱，泡芙會直接縮扁。必須烤到膨脹的裂紋處都已經上色，才能開門，進行烤盤翻轉調頭的動作。

· 細砂糖可幫助泡芙殼上色

鹽與細砂糖可以增加配方的穩定性與上色性，可以視情況省略或減少量。

· 烤盤不宜鋪白報紙

不沾油布可換成有洞的矽膠墊、一般矽膠墊或烤焙紙，但絕對不宜使用白報紙，會把泡芙殼黏住，很難脫離。

· 搭配酥菠蘿薄片大升級

擠泡芙殼可以做小些，擠製時擠小一點。也可用圓口花嘴擠成圓形，表面放上尺寸與泡芙相同的酥菠蘿薄片，使整個形狀更平整，酥菠蘿配方見「榛果慕斯林奶油巴黎圈泡芙」（P.76）。

Chapter

5

— Cinq —

常溫蛋糕
&小點

———— Madeleine ————

經典法式馬德蓮

完成份量	8 個
保存方式	常溫 3 天
	冷藏 5 天
	冷凍 14 天

Matériaux
材－料

麵糊

全蛋	50g	蜂蜜	15g
無鹽奶油	60g	低筋麵粉	50g
細砂糖	40g	泡打粉	1g

作-法

麵糊

1 全蛋退冰，室溫軟化的無鹽奶油放入盆中，以手持電動打蛋器將奶油打軟，加入細砂糖和蜂蜜，攪拌均勻。

2 分兩次加入全蛋，繼續攪拌均勻。

3 接著加入過篩的低筋麵粉和泡打粉，攪拌均勻，再裝入擠花袋備用。

烤焙

  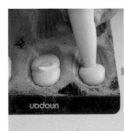 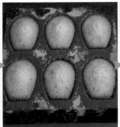 

4 模具進行抹油和撒粉，詳細操作見 P.17。

5 將麵糊擠入模具 5～6 分滿，放入以上下火 190℃（單火 190℃）預熱好的烤箱，烤焙約 15 分鐘至金黃色，取出後立即脫模。

重點提醒

· **蜂蜜增添麵糊風味**
　馬德蓮麵糊口味較為純粹，所以加入蜂蜜增味，也可以加入適量香草莢醬調味。

· **馬德蓮糖油拌合法**
　一種是類似費南雪，僅將材料拌勻；另一種則是本書所使用的「糖油拌合法」，讓奶油些許打發，而非加熱融化後加入麵糊，讓讀者有更多作法可以試試。

Gâteau au citron

老奶奶檸檬蛋糕

完成份量 / 1 個
保存方式 / 常溫 3 天・冷藏 5 天・冷凍 14 天

Matériaux
材－料

蛋糕體

全蛋	160g
細砂糖	85g
海藻糖	30g
低筋麵粉	125g
無鹽奶油	120g
檸檬汁（A）	10g
檸檬皮（A）	1 個

檸檬糖霜

糖粉	250g
檸檬汁（B）	60g
檸檬皮（B）	1 個

Étape
作－法

蛋糕體麵糊

1 全蛋、細砂糖和海藻糖混合，底下裝一盆溫水，採隔水加熱拌勻，讓蛋液溫度至約 40℃，再以桌上型攪拌機搭配球狀攪拌頭（或手持電動打蛋器）的高速打發，直到可用麵糊劃出 8 字紋路並且不消失，即換慢速攪拌 5 分鐘。

2 低筋麵粉分 2～3 次過篩於作法 1 中，使用矽膠刮刀將麵糊切拌均勻。

3 拌麵粉時可以將無鹽奶油微波或小火加熱至融化，奶油液溫度不宜超過 45℃。

4 取部分麵糊拌入融化奶油中，攪拌均勻，再倒回麵糊中繼續攪拌均勻。

5 接著加入檸檬汁（A），刨入檸檬皮（A），以矽膠刮刀拌勻後倒入 6 吋活動底蛋糕模。

烤焙

6 放入以上火 170℃、下火 150℃（單火 165℃）預熱好的烤箱，烤焙約 40 分鐘，輕摸蛋糕表面有彈性即可取出倒扣。

7 蛋糕體放涼後脫模，將刮刀插入蛋糕側邊後劃一圈，使其脫離模具，並取下底板，將表面的蛋糕皮屑輕輕拍除即可。

檸檬糖霜

8 糖粉和檸檬汁（B）放入盆中，刨入檸檬皮（B）後拌勻。

9 將放涼的蛋糕體放於網架（使多餘的糖霜方便集中），再淋上糖霜，使用抹刀抹勻，淋面的過程需 2～3 次即完成。

重點提醒

· **全蛋加溫後更好打發**

將蛋加溫後更好打發，也可將雞蛋泡入溫水中（不宜超過 60℃），直到蛋摸起來溫熱才敲出，如此可節省後面隔水打發的動作，且不容易弄得桌上都是水。

· **材料質地相容，能避免油沉澱**

這是一款重奶油的全蛋打發海綿蛋糕，攪拌時務必注意且小心，因為很容易消泡，並且烤焙時間需充足。將部分麵糊拌入融化的奶油後，再拌回原麵糊中，是為了讓不同比重材料的質地稍微接近一些，也能避免後續因攪拌不確實而導致油沉澱等情況。

· **檸檬糖霜需分次淋**

淋面的過程需 2～3 次，淋完一次後可用電風扇吹風 10 分鐘，同時將底部多餘的糖霜收集於網架，待蛋糕表面乾燥後即可淋第 2 次，依個人喜好調整淋面次數與厚度。如果喜歡很厚的糖霜，不妨將糖霜份量增加，但必須依配方等比例增加，不宜只增加糖粉或是檸檬汁。

· **蛋糕體的保存方式**

通常以蛋糕的底部（貼近模具的那一面）當作正面，可以將放涼的蛋糕製密封後冷凍保存，食用前一晚才淋上檸檬糖霜；或是淋好後風乾再以保鮮膜包好冷凍，都是很好的方式。但記得勿讓糖霜受潮，需做好乾燥動作。

Financier

芒果小金磚

完成份量 ／ 15 個

保存方式 ／ 常温 3 天 · 冷藏 5 天 · 冷凍 14 天

Matériaux
材－料

麵糊

低筋麵粉	37g
杏仁粉	75g
糖粉	127g
蛋白	112g

芒果果泥	15g
無鹽奶油	75g

果肉

新鮮芒果（切丁）100g

Étape
作－法

麵糊

1 低筋麵粉、杏仁粉和糖粉混合過篩。

2 蛋白用打蛋器打散，加入已過篩的粉類拌勻，加入芒果果泥，攪拌均勻。

3 無鹽奶油以中小火加熱至金黃色偏褐色，立即離火並將整鍋置於冰水中降溫至溫熱不燙手，也能避免奶油持續上色。

4 將焦化奶油過濾至作法 2 中，攪拌均勻即完成麵糊，貼上保鮮膜後冷藏至少 6 小時，使其進行水合作用，並降低麵粉筋性。

烤焙

5 取出麵糊退冰，再裝入擠花袋備用；模具進行抹油和撒粉，詳細操作見 P.17。

6 將麵糊擠入模具約 7 分滿。

7 再鋪上新鮮芒果丁。

8 放入以上下火 190℃（單火 190℃）預熱好的烤箱，烤焙 15 ～ 18 分鐘至金黃色，取出後立即脫模，待涼。

重點提醒

· **麵糊靜置至少 6 小時目的**

除了讓麵粉筋性可以放鬆，更重要的是「水合作用」，經過靜置後麵粉完全吸收配方中的水分，因此烤焙時更不容易產生亂膨脹的情況。水合作用常見於法式可麗餅、可麗露、馬德蓮、費南雪等。

· **常溫蛋糕的保存與口感**

馬德蓮、費南雪屬於常溫蛋糕，個人很喜歡吃剛出爐的費南雪，但此款常溫點心最常見的保存方式是以密封袋搭配乾燥劑包裝，並且產品一定要經過 1 ～ 2 天的靜置，使中心的油脂可以釋放出來，整體達到類似於磅蛋糕的口感，這個動作稱為「回油」或是「回潮」。但個人更喜歡剛出爐時外酥內軟的口感。

· **馬德蓮與費南雪的材料差異**

僅在食材上有差異，費南雪起源於法國金融街，材料即蛋白加上焦化奶油（又稱榛果奶油）、麵粉和杏仁粉；而馬德蓮則使用全蛋加上融化奶油和麵粉。焦化奶油又稱為榛果奶油，將奶油煮焦後一定要泡冰水降溫，以免顏色太黑而出現苦味。

— *Canelé* —

香草蘭姆可麗露

完成份量 ╱ 14 個
保存方式 ╱ 常溫 5 小時 · 冷凍 14 天

Matériaux
材－料

麵糊

牛奶	525g	蛋黃	80g
無鹽奶油	55g	糖粉	210g
香草莢	0.5 支	低筋麵粉	135g
蛋白	70g	蘭姆酒	50g

Étape
作－法

麵糊

1 牛奶、無鹽奶油放入湯鍋，加入香草莢（籽刮出後連同殼一起放入鍋中）。

2 使用打蛋器混合，以中小火加熱至 85℃，離火於室溫降溫。

3 將蛋白、蛋黃和糖粉混合，以打蛋器攪拌均勻，加入已過篩的低筋麵粉。

4 繼續拌勻至無顆粒的麵糊。

5 將降溫至 55℃以下的牛奶奶油液，分兩次加入作法 4 中，攪拌均勻。

6 接著倒入蘭姆酒，拌勻後過濾，將麵糊冷藏 8 ～ 10 小時。

7 麵糊取出後退冰至 28 ～ 30℃，使用矽膠刮刀輕輕拌勻。

烤焙

8 每個模具刷上軟化的無鹽奶油（配方以外的份量），將麵糊倒入模具約 8 分滿（每個約 80g）。

9 再排入烤盤，放入以上下火 250℃（單火 250℃）預熱好的烤箱，烤約 15 分鐘，降溫上火 190℃、下火 235℃（單火 210℃）續烤 45 ～ 60 分鐘。

10 出爐後即可脫模放涼，留意模具中多餘的奶油會流出，避免燙到。

重點提醒

- **梅娜反應，不宜隨意減糖**

  麵糊一旦加入麵粉攪拌，請留意勿過度攪拌，以免出筋。可麗露的脆殼來自配方中的糖，經過高溫烤焙後產生的「梅娜反應」，故不宜隨意減糖，容易導致烤焙不上色、出爐縮腰、口感不脆等許多問題。

- **烤焙時隨時留意麵糊狀態**

  烤焙過程可能有麵糊噴濺出來的狀況，可以打開烤箱門，並一個一個拿出來敲，將麵糊敲下去再繼續烤，但通常回烤箱後不到 1 分鐘，又會衝回原位，個人經驗法則是 10 分鐘敲一次，大約在總時間 40 分鐘左右就會穩定了。烤焙過程若看到表面顏色太深，可蓋上烤焙紙或鋁箔紙，隔絕熱度並調低上火。

- **可麗露模具勿碰水**

  傳統可麗露使用銅模，並在模具內抹上融化的蜂蠟製作塗層，但因銅模價格昂貴，且蜂蠟操作耗時，現今許多人都使用軟化奶油製作塗層。個人使用的是日本進口的鐵氟龍不沾塗層模具，模具比較大、降溫也快，在製作此產品時可以節省許多時間。切記此類精密模具勿碰水，使用完後需拿乾燥的廚房紙巾擦拭乾淨即可。

Crème brûlée

焦糖法式烤布蕾

完成份量 / 8 杯

保存方式 / 常温 1 天 · 冷藏 5 天

Matériaux
材－料

動物性鮮奶油	300g	香草莢	0.3 支
牛奶	300g	蛋黃	180g
細砂糖（A）	45g	細砂糖（B）	30g

Étape
作－法

布丁液

1 動物性鮮奶油、牛奶和細砂糖（A）倒入湯鍋，加入香草莢（籽刮出後連同殼一起放入鍋中），使用打蛋器混合，以中小火加熱至約 70℃，關火。

2 蛋黃打散，將作法 1 分次慢慢倒入蛋黃中，邊倒邊以打蛋器攪拌均勻。

3 過濾兩次消除雜質和泡沫。

倒入容器

4 布丁液倒入容器，包覆鋁箔紙（比較不會結皮），若表面有許多氣泡，可使用食品級酒精噴過即消除。

烤焙

5 將布丁杯排入深烤盤，加入約 2cm 高的水，以上下火 145℃（單火 145℃）烤約 40 分鐘，加熱到輕推容器邊緣，布丁表面沒有水波紋、僅有彈性即表示熟了。

6 撒上薄薄一層細砂糖（B），以噴火槍噴成脆脆焦糖即可。

重點提醒

· **配方調整與替換**

液體的部分可以自由調整成更多的牛奶或更多的動物性鮮奶油，但總量不變即可。布蕾的凝固靠蛋黃，也可將部分蛋黃調整成全蛋或蛋白。

· **加熱過程膨脹或冒小氣泡**

如果加熱過程中膨脹，邊緣冒出許多小氣泡，都表示溫度太高，則需適時降溫。

· **電鍋加熱法，外鍋加 1 杯水**

將布丁杯放入電鍋，外鍋加 1 杯水（約 180g），蓋子勿全蓋，隔著筷子隔出縫隙，蒸至開關起來即可。

· **布丁與布蕾差異**

僅在食材上有差異，布丁使用牛奶加全蛋，布蕾使用牛奶加動物性鮮奶油及較多的蛋黃。

Crème brûlée

Guimauve

芒果法式棉花糖

完成份量 / 30 顆
保存方式 / 常温 10 天・冷藏 14 天

Matériaux
材－料

糖體		裹粉	
葡萄糖漿（A）	30g	玉米粉	30g
吉利丁片	2.5g（約 3.2 片）	糖粉	30g
芒果果泥	85g		
細砂糖	90g		
海藻糖	30g		
葡萄糖漿（B）	50g		

Étape
作－法

模具抹油

 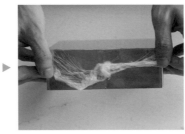

1 準備 14.5cm 方形慕斯框，先抹上一層薄薄沙拉油，並使用保鮮膜封底，或是置於平盤上（平盤需墊上不沾油布）。

糖體

2 吉利丁片泡冰水軟化，取出後與葡萄糖漿（A），拌勻。

3 芒果果泥、細砂糖、海藻糖和葡萄糖漿（B）混合，以中火加熱至約 110℃。

4 再沖入作法 2 中，立即以手持電動打蛋器打發（打發即降溫），直到有濃稠度出來即可關閉機器。

入模

5 將糖體倒入方形慕斯框中,自然放涼約 30 分鐘至凝固。如果環境太熱,可以冷藏約 15 分鐘。

切割裹粉

6 玉米粉與糖粉混合拌勻。

7 取出凝固的芒果糖體後撕除保鮮膜,將玉米糖粉篩於芒果糖體表面,使用刮板協助脫模,並切割成約 1.5cm 正方形,放入玉米糖粉沾裹即可。

重點提醒

· **最終糖體溫度可增減 1 ～ 2℃**
由於每個廠牌溫度計量出來的溫度會些許差異,或溫度有時會上下浮動。建議大家可以照原作法煮一次,如果成品太軟,下次可以將糖的溫度從 110℃ 往上調整 1 ～ 2℃;若太硬,則可以降溫 1 ～ 2℃。

· **擠花袋搭配各種花嘴擠出造型**
可於製作完糖體後,使用擠花袋搭配各種花嘴,用擠的方式成形,但同樣擠在預拌好的玉米糖粉上,並篩上一層,使其完全被包覆。

· **果泥可依喜好調整成不同口味**
可搭配香料萃取的手法,將果泥提前與香料混合加熱燜泡,變化不同風味的棉花糖。

Nougat

草莓夏威夷豆法式牛軋糖

完成份量 ╱ 50 ～ 55 顆
保存方式 ╱ 常溫 30 天

Matériaux
材－料

糖體

細砂糖（A）	50g
葡萄糖漿	240g
海藻糖	160g
水	100g
蛋白	50g
細砂糖（B）	25g
鹽	2g
無鹽奶油	60g
奶粉	90g

餡料

夏威夷豆	260g
乾燥草莓碎粒	15g

Étape
作－法

糖體

1 夏威夷豆先放入烤箱，以 100℃烤 1 小時後留在烤箱保溫。

2 細砂糖（A）、葡萄糖漿、海藻糖和水混合，以中火加熱至滾，糖漿需煮到 140℃。

3 糖漿煮到約 115℃時，可以用手持電動打蛋器（或桌上型攪拌機搭配球狀攪拌頭）打發蛋白和細砂糖（B），打發至硬性發泡。

4 當糖漿溫度到達 140℃，分 3 次邊倒入蛋白霜中，邊攪拌至微微燙手溫度即可。

5 接著加入無鹽奶油繼續拌勻，最後加入奶粉拌勻。

拌入果乾

6 將糖體倒於鋪不沾油布的烤盤上，立即拌入保溫的夏威夷豆、乾燥草莓碎粒，戴上手套翻拌均勻。

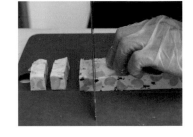

7 在平整的烤盤上整成長方形，表面蓋上 1 張不沾油布（或展開的塑膠袋），使用擀麵棍將其壓平整。

8 冷卻後切割成 4.5×1cm 條狀，每顆分別包好並密封保存，可避免受潮。

重點提醒

· **測量糖體溫度的技巧**

　每個人溫度計個性些許不同，如果產品太硬或太軟，皆可調整溫度，以一次 1～2℃進行調整。測溫度時應測達準確溫度，有實測達 110℃，結果攪拌一下可能剩下 105℃，或是剛才僅測到鍋底溫度而已。所以若份量很少，可將鍋子傾斜，讓液體深度變深，溫度計可以剛好測到中心溫度，這樣會更穩定一些。

· **堅果可依照喜好變換種類**

　由於夏威夷豆含油量很高，不適合直接以 160～180℃烘烤，所以採用 100℃長時間低溫烘乾的手法。如果改為杏仁，可以 170℃烤 15～20 分鐘即可，剖開顏色是金黃色就好，然後調 100℃保溫。草莓乾則因不宜加熱，所以冷冷加入即可。

Pâte de fruits

羅勒草莓法式軟糖

完成份量／30 顆

保存方式／常溫 14 天
　　　　　冷藏 30 天

Matériaux
材－料

糖體
- 果膠粉　　　　8g
- 細砂糖（A）　25g
- 細砂糖（B）　160g
- 海藻糖　　　　80g
- 草莓果泥　　　250g

- 葡萄糖漿　　　30g
- 羅勒葉　　　　5 片
- 檸檬汁　　　　15g

裹糖
- 細砂糖（C）　60g

作－法

模具抹油

1 準備 14.5cm 方形慕斯框，使用保鮮膜封底，或是置於平盤上（平盤需墊上不沾油布）。

糖體

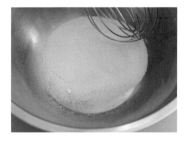

2 果膠粉與細砂糖（A）混合成果膠糖；細砂糖（B）和海藻糖混合成糖料，備用。

3 草莓果泥、葡萄糖漿和羅勒葉混合，以中火加熱至微滾（冒煙狀態）。

 ▶  ▶

4 再加入果膠糖中，邊加邊攪拌至冒煙，接著加入一半的海藻糖料，以打蛋器拌勻，待再次冒煙時加入剩餘海藻糖料，並挑出葉片。

5 轉小火後換成矽膠刮刀攪拌，繼續熬煮至 107℃，關火後立即加入檸檬汁，拌勻後倒入方形慕斯框。糖體也可倒入矽膠模，待凝固後脫模即變成模具版軟糖。

6 自然放涼約 30 分鐘至凝固，如果環境太熱，可以冷藏約 15 分鐘，凝固後可直接脫模。

切割裹糖

7 於正反兩面都撒上細砂糖（C），再切割成 4.5×1cm 條狀，整顆都沾裹細砂糖，置於乾燥的環境（乾燥箱或密封盒）放置 1 ～ 3 天，直到表面輕壓有一層脆殼的感覺即完成。

重點提醒

· **果膠粉量依果泥濃稠度調整**

　　水果含膠量不同，加熱煮糖體時，可放一盆冰水在旁邊，將糖液滴進去能成為 1 顆 QQ 的球狀即可關火。草莓果泥本身果膠含量較高，故添加的果膠粉只需 8g，可依照果泥特性（濃稠度）適當調整配方，變成各種喜愛的水果口味。

· **軟糖乾燥步驟很重要**

　　糖體煮得濃稠度和溫度剛好，切割時不需要把刀燒熱，就能切出工整軟糖且不太會黏刀。最後的乾燥步驟很重要，台灣氣候非常潮濕，沾裹細砂糖後若直接包裝，約 1 ～ 2 天表面就會出水，整個受潮而影響外觀和口感。

Chapter

6

— Six —

巧克力
甜點

Truffe au chocolat

松露巧克力

完成份量 / 30 顆

保存方式 / 常溫 3 天 · 冷藏 7 天 · 冷凍 14 天

Matériaux
材 – 料

甘那許		披覆	
70％黑巧克力	170g	53 ～ 60％黑巧克力	500g
33 ～ 37％牛奶巧克力	100g	無糖可可粉	100g
動物性鮮奶油	170g		
葡萄糖漿	20g		
香草莢	0.3 支		
無鹽奶油	35g		
蘭姆酒	15g		

Étape
作 – 法

甘那許

1 黑巧克力和牛奶巧克力放入耐熱容器，以隔水加熱或微波方式至三分之一融化備用。

2 動物性鮮奶油和葡萄糖漿放入湯鍋，加入香草莢（籽刮出後連同殼一起放入鍋中），以小火加熱至 50 ～ 55℃微微燙手，關火。

3 再分兩次倒入作法 1 巧克力鍋中，使用矽膠刮刀拌勻，拌完後應呈現有點油水分離的狀態。並測量溫度約 40℃，如果太高或太低都可以室溫降溫或是微波加溫。

4 加入無鹽奶油拌勻，接著倒入蘭姆酒拌勻（不喜歡酒味可省略），並以均質機（手持調理棒）攪拌至整體變濃稠柔順即可。

5 再倒入平盤後放置陰涼處（可參考 P.134 調溫環境）3 ～ 5 小時，直到質地類似牙膏狀。

6 將甘那許刮起來後裝入套圓口花嘴的擠花袋，用刮板往前推後擠於鋪保鮮膜（或烤焙紙、不沾油布）烤盤上，繼續放置陰涼處 6 ～ 8 小時。

7 戴上手套將每顆甘那許搓成圓形，放置約 5 分鐘，若表面沒有因為手溫而融化則能繼續操作。

披覆

8 將黑巧克力調溫（參考 P.134 調溫方法），戴上手套將巧克力球放入調溫巧克力鍋沾裹，放掌心將巧克力球批覆一層薄薄的巧克力後放回烤焙紙上，全部批覆第 1 層，再從凝固的第 1 顆批覆第 2 層，這層可以稍微厚一點。

9 批覆完後即放入可可粉中，可請家人幫忙將盆子稍微搖動，使巧克力球沾滿可可粉。若無輔助者，就批覆 3 ～ 5 顆搖動一次。

10 每批覆 5 ～ 8 顆，可以看看空間是否足夠。若不夠，可以用手輕輕捏放入可可粉的巧克力，若表面已凝固則放置另一張烤焙紙上，於陰涼處約 1 小時使完全凝固，使用篩網將多餘的可可粉篩除即可。

重點提醒

· **甘那許的基本食材**

　　甘那許的基本食材是巧克力、動物性鮮奶油和無鹽奶油，依照不同配方調整比例或口味。

· **製作松露巧克力需要較多時間與耐心**

　　製作巧克力的環境需要很涼快，不適合在濕度太高的地方操作，室溫宜控制 18 ～ 22℃、濕度 60％以下，則甘那許在靜置的過程中，水氣會散除，這就是巧克力製作需要較多時間與耐心的原因，但經過乾燥程序則產品較不易發霉、口感也較濃厚。冰鎮的甘那許球較不易批覆、厚薄度不均勻、黏在手上等，都是常見的情況。

· **披覆的黑巧克力與可可粉可重複使用**

　　巧克力可以倒入塑膠袋中鋪平，等凝固後切碎即可使用；可可粉則收集好待下次使用。

· **製作生巧克力**

　　製作好的甘那許倒入方形模具或鐵盤（需鋪保鮮膜或不沾油布），同樣放置陰涼環境 8 ～ 10 小時，脫模，正反面都篩上可可粉，再以溫的牛刀（使用熱水或噴火槍加溫）切割，就是生巧克力。

Praline au chocolat

焦糖杏仁帕林內巧克力

完成份量 / 450g
保存方式 / 常温 5 天 · 冷藏 14 天 · 冷凍 30 天

Matériaux
材 – 料

杏仁糖

杏仁	250g
細砂糖	70g
水	25g
無鹽奶油	10g

披覆

53 ～ 60％黑巧克力	250g
無糖可可粉	30g

Étape
作 – 法

 杏仁糖

1 秤好杏仁後放入盆中，不需要烤焙及保溫。

2 細砂糖和水放入湯鍋，以中火加熱至微濃稠（約 110℃）。

3 加入杏仁後立即離火，以木匙或矽膠刮刀翻拌均勻，直到變成掛霜的狀態，即細砂糖呈現白色晶體包覆杏仁表面。

4 放回瓦斯爐，轉小火或文火加熱，並不斷翻拌約 15 ～ 20 分鐘，炒到表面的糖衣融化變成焦糖色，可取 1 顆杏仁以小刀切開，若杏仁中心是黃褐色即可，接著加入奶油快速炒勻。

5 關火後倒於烤焙紙或不沾油布上，需立即以抹刀或刮刀，將杏仁糖分成一顆一顆彼此不相沾黏的狀態，放涼後放入另一個盆。

披覆

6 黑巧克力進行調溫（參考 P.134 調溫方法），取約 1 湯勺量和作法 5 杏仁翻拌均勻，建議於冷氣房操作。炒至表面的巧克力已經乾燥，才能繼續加入巧克力。

7 重覆作法 6 直到巧克力加完，拌炒至接近乾燥的狀態，篩入可可粉，並快速翻拌均勻即可。

重點提醒

· **披覆的巧克力量可增減**

巧克力的厚薄可依個人喜好調整，從 250g 加到 750g 都可以。

· **堅果種類替換**

堅果可以換成其他種類，例如：榛果、腰果等，也能用更簡單的方式，將堅果烤熟至金黃色，糖與水直接煮成焦糖後將熱的堅果直接倒入，並迅速拌勻，亦可達到類似的效果。但照本書的作法較接近傳統，味道也更香。

· **製作細滑堅果醬**

炒好的果仁糖（帕林內 Praline）可以倒在烤焙紙或不沾油布上，將其攤平待涼，再以食物調理機長時間攪拌至呈現細滑的堅果醬，就能拿來抹麵包或吐司。

Fondant au chocolat

熔岩巧克力蛋糕

完成份量 / 6 個

保存方式 / 熱食，可提前製作麵糊後冷凍 14 天

Matériaux
材 - 料

麵糊

53 ～ 60％黑巧克力	135g
無鹽奶油	135g
全蛋	165g
細砂糖	40g
低筋麵粉	45g

裝飾

防潮糖粉　20g

Étape
作 - 法

麵糊入模

1 黑巧克力與無鹽奶油放入盆中，以隔水加熱或微波的方式融化，融化完溫度大約 40 ～ 45℃。

2 全蛋和細砂糖以打蛋器攪拌均勻，加入已過篩的麵粉，繼續拌勻。

3 將作法 1 倒入作法 2 中，繼續用打蛋器攪拌均勻。

4 準備耐烤杯（可使用陶瓷杯或鋁杯）；模具進行刷油後撒「細砂糖」，詳細操作見 P.17。

5 麵糊裝入擠花袋後擠入耐烤杯約 8 分滿，再冷凍至凝固變硬。若未立刻烤則以保鮮膜密封冷凍保存，若當下烤也至少冰 1 小時。

烤焙裝飾

6 冰硬後再排入烤盤，立即以上下火 200℃（單火 200℃）烤焙約 10 分鐘（邊緣完全熟化、中心有點濕軟）。

7 出爐後放置 2 ～ 3 分鐘至稍降溫，沒有太燙即可脫模（也能在杯中直接吃），篩上防潮糖粉即可。

重點提醒

· **麵糊必須經過冷凍高溫烤焙**

冷凍後使麵糊整體溫度降到很低的狀態，這樣在 200℃高溫烤焙時，就有辦法達到「邊緣完全熟化、中心較為濕軟」的狀態。

· **麵糊冰硬後立即覆蓋保鮮膜**

這款熱甜點在餐廳很適合當作配餐甜點，可將麵糊製作 2 ～ 3 天份的量後冷凍，但記得等冰硬後立即覆蓋保鮮膜，可避免不斷吹冷空氣而乾裂。個人最喜歡的吃法是熔岩巧克力蛋糕搭配香草冰淇淋、紅酒或威士忌。

· **烤焙時間過頭與不足**

熔岩巧克力是經典的法式熱甜點，最重要的關鍵在於烤焙。如果烤過頭，則中間太熟、沒有熔岩的效果；若烤焙時間不足，則脫模可能會整個塌陷。熔岩蛋糕就是一個沒烤熟但超好吃的巧克力蛋糕。判定熟度的方式，則是看杯緣，模具邊緣會先烤熟膨脹，中間則是凹陷濕濕的狀態，此時就可出爐。取出後建議放 2 ～ 3 分鐘再脫模，使其可以有更堅固的外皮。

Dacquoise au chocolat

巧克力達克瓦茲

完成份量 6 個

保存方式 常温 1 天．冷藏 2 天．冷凍 14 天

_{Matériaux}
材 - 料

麵糊

杏仁粉	70g
低筋麵粉	8g
糖粉（A）	40g
無糖可可粉	2g
蛋白	100g
細砂糖	45g
糖粉（B）	20g

巧克力慕斯林奶油餡

香草卡士達餡	125g（P.20）
無鹽奶油	50g
53～60%黑巧克力	30g
動物性鮮奶油	30g

_{Étape}
作 - 法

麵糊

1 達克瓦茲模具噴水後放於鋪烤焙紙（或不沾油布）的烤盤上；將杏仁粉、低筋麵粉、糖粉（A）和可可粉過篩，備用。

2 蛋白和細砂糖一次性混合，以手持電動打蛋器打發至硬性發泡（舉起打蛋器時，蛋白霜呈挺立且光亮狀態），回慢速攪拌 30 秒鐘。

3 作法 1 的粉類以矽膠刮刀拌入蛋白霜，輕輕切拌至約 9 分勻即可。

4 麵糊裝入擠花袋後擠入模具（1 模 12 入），使用抹刀或刮板修飾平整，接著小心往上拿起模具即脫模。

5 篩上兩次糖粉（B），再放入以上火 190℃、下火 170℃（單火 180℃）烤箱（有旋風功能更佳），烤焙約 17 〜 19 分鐘，取出後放涼，撕除底部烤焙紙。

6 使用矽膠刮刀將冰過的香草卡士達餡攪拌軟化，放置一旁備用。

7 無鹽奶油放入盆中待軟化，以打蛋器打發至顏色變白。

8 作法 6 和作法 7 材料混合，繼續打發至整體稍微蓬發。

9 將黑巧克力與動物性鮮奶油混合，可以使用微波或隔水加熱方式融化，攪拌至均勻後降溫至 32 ～ 34℃。

10 再倒入作法 8 卡士達奶油霜中，以打蛋器攪拌均勻，再裝入套圓口花嘴的擠花袋。

組合

11 接著擠入其中 6 片達克瓦茲，分別蓋上另一片黏合，再冷藏 30 分鐘待完全凝固即可。

重點提醒

・**模具噴水目的**
　噴水可讓填完麵糊後更好脫模，模具拿起來時，兩隻手直直的將模具抬起即可。

・**蛋白霜必須打至硬性發泡**
　如果蛋白霜不夠硬挺則很容易消泡，烤焙後會整個攤開並且表面裂開。如果沒有攤開，但稍微有點裂開，可以將下火降低 10 ～ 20℃。

・**糖粉篩兩層就好**
　一次篩太多層糖粉將無法吸收，第 1 層篩完後需等糖粉完全被麵糊吸收，再篩第 2 層。

・**內餡可依個人喜好變化**
　巧克力慕斯林奶油餡再加入 15g 榛果醬，變成榛果巧克力口味。

Le gâteau au chocolat

古典巧克力蛋糕

完成份量 1 個
保存方式 常溫 2 天‧冷藏 5 天‧冷凍 14 天

Matériaux
材－料

麵糊

53 ～ 60％黑巧克力	75g	低筋麵粉	20g
無鹽奶油	45g	蛋白	90g
動物性鮮奶油	45g	細砂糖	85g
蛋黃	55g	**裝飾**	
無糖可可粉	25g	無糖可可粉	20g

Étape
作－法

麵糊

1 巧克力、無鹽奶油和動物性鮮奶油混合，以隔水加熱或微波的方式融化至約 40 ～ 45℃。

2 加入蛋黃後，以打蛋器攪拌均勻。

3 接著加入已過篩的無糖可可粉和低筋麵粉，攪拌均勻即為巧克力麵糊。

4 蛋白放入另一個乾淨的鋼盆,分 5 ～ 8 次加入細砂糖(糖量較多),以電動打蛋器打發至硬性發泡,加糖的時機大約在每次都打到很明顯的紋路時再加入一些。

5 蛋白霜分 2 ～ 3 次加入作法 3 巧克力麵糊中,以矽膠刮刀翻拌均勻。

入模烤焙

6 在 6 吋圓形蛋糕固定模內側進行刷油和撒粉,詳細操作見 P.17。若是活動底蛋糕模,則底部包鋁箔紙。

7 將巧克力麵糊倒入模具,輕敲數下後排入深烤盤,加入約 2cm 高的水於烤盤,放入以上火 180℃、下火 160℃(單火 170℃)預熱好的烤箱,隔水蒸烤約 45 ～ 50 分鐘至熟,出爐後放涼。

脱模裝飾

8 戴上手套將放涼的蛋糕倒扣於 1 個平盤，雙手將模具往上抬，即可順利脫模。

9 再翻轉倒扣於另一個平盤，建議需冷藏或常溫至隔天再吃，口感最佳。食用前篩上無糖可可粉（或防潮糖粉）裝飾，可搭配冰淇淋一起享用。

重點提醒

・**古典巧克力蛋糕又稱為「法式巧克力」**

這塊蛋糕可以烤焙全熟或半熟，出爐時是膨脹的，但降溫的過程中會自然下陷，變成凹蛋糕。

・**無加泡打粉的健康打發**

製作方法有多種，其中一種是以全蛋加入泡打粉膨發，而本書無泡打粉，而是藉由蛋白霜打發促進膨脹，是較健康的製作方式。由於蛋白霜的細砂糖含量非常高，意味著蛋白穩定性也會提高，很難有打過發的問題。個人遇到高糖量配方時，習慣每次將蛋白打到有明顯紋路時，才補一點點糖，慢慢打發。如果一次將全部糖加入，同樣可以打發，但過度的穩定性將延長打發時間。

Le gâteau au chocolat

Macaron au Chocolat

巧克力義式蛋白馬卡龍

完成份量 ╱ 12 個

保存方式 ╱ 常温 3 天‧冷藏 7 天‧冷凍 30 天

Matériaux
材 – 料

外殼

53～60％黑巧克力	35g	杏仁粉	60g
細砂糖	140g	無糖可可粉	3g
水	40g		
蛋白	70g	**內餡**	
		巧克力甘那許	1 份（P.142）

Étape
作 – 法

外殼

1 黑巧克力以微波或隔水加熱的方式融化（溫度約 45～50℃），微波法見 P.135。

2 細砂糖和水混合，以小火加熱至糖溫達到 118～121℃，期間不要攪拌。

3 當溫度達約 100℃時，將室溫退冰的蛋白放入盆中，使用手持電動打蛋器打至微發（偏濕性發泡即可）。

4 等待糖漿煮到溫度達 118～121℃，開始慢慢往打發的蛋白盆沖入，邊沖邊繼續攪拌均匀，避免結塊。

5 沖完後繼續打發至蛋白霜呈光亮（糖量很高，不需要擔心打過發），邊降溫到鍋邊摸起來微溫（約 40℃）。

6 將融化的黑巧克力拌入蛋白霜，以矽膠刮刀輕輕由下往上拌至 8 成匀。

7 再篩入杏仁粉與可可粉，以矽膠刮刀切拌均勻，用矽膠刮刀壓拌 5 ～ 8 秒鐘，讓麵糊消泡至柔軟光滑而稍能定型的狀態。

烤焙

8 以擠花袋搭配平口花嘴，裝入麵糊後擠約直徑 2.5cm 於鋪不沾油布的烤盤，共 24 個圓形麵糊。

9 放置乾燥陰涼處至少 1 小時，輕摸麵糊表面不黏手且明顯有一層殼的感覺，再進烤箱（等風乾時預熱烤箱）。

10 使用上下火 150℃（單火 150℃）烤焙 17 ～ 19 分鐘，直到輕推外殼，邊緣的裙襬不會搖動即可出爐，放涼再脫離不沾油布。

夾餡組合

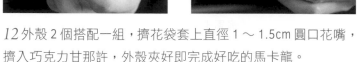

11 巧克力甘那許放置約 3 ～ 5 小時，看到質地類似於牙膏狀即可使用。

12 外殼 2 個搭配一組，擠花袋套上直徑 1 ～ 1.5cm 圓口花嘴，擠入巧克力甘那許，外殼夾好即完成好吃的馬卡龍。

· **義大利蛋白霜具軟濕黏的口感**

常見蛋白霜作法有 3 種，法式蛋白霜、義大利蛋白霜、瑞士蛋白霜。

❶ **法式蛋白霜：**較常用於蛋糕體，僅將細砂糖加入蛋白打發，可以打出非常高的膨脹度。糖的份量會影響蛋白霜的穩定性，製作馬卡龍時可以呈現較蓬鬆的效果。

❷ **義大利蛋白霜：**將糖漿煮成 118 ～ 121℃後沖入蛋白打發，糖量通常較高，也能使蛋白殺菌，常見於裝飾（檸檬塔上的蛋白霜等），也因糖漿加熱至濃稠，在馬卡龍中能呈現較綿軟濕黏的口感。

❸ **瑞士蛋白霜：**效果介於上述兩種之間，僅將蛋白與糖混合隔水加熱後打發，可以得到穩定性稍高的蛋白霜，常用於馬林糖、糖偶的製作。在製作馬卡龍時，組織介於法式蛋白霜的蓬鬆與義式蛋白霜的綿密之間。

· **視麵糊量決定攪拌機器**

蛋白打發使用手持電動打蛋器或桌上型攪拌機搭配球狀皆可，但份量很少時，桌上型攪拌機反而造成較多耗損。

· **壓拌麵糊時間長短**

如果外殼表面粗糙，表示麵糊壓拌不足，可以再多壓拌一陣子，直到麵糊更軟；如果擠出的麵糊無法維持圓形，即麵糊壓拌過度而導致消泡。

· **麵糊風乾程度影響大**

製作馬卡龍的關鍵在於蛋白麵糊風乾程度，如果風乾太久，烤出來的裙襬會比較矮又窄；風乾時間不夠，則表面容易烤出裂紋。

· **烤盤必須鋪不沾油布**

烤盤必須先鋪不沾油布，或是烤焙紙、矽膠墊等材質，再將麵糊擠上後烤焙，如此方便後續脫離不沾黏。

· **烤焙時間影響上色**

外殼出爐後如果表面出現顏色不均勻，表示烤焙時間不足，可酌量加幾分鐘繼續烤。

· **外殼與裙襬漂亮因素**

旋風烤箱比一般烤箱適合烤焙馬卡龍，更能將表面吹乾。剛烤好的馬卡龍外殼一定比較軟，放涼後才可以脫離不沾油布，否則外殼會破碎。如果出現裙襬長得像飛碟整個攤開，可以將糖溫提高 2℃。

· **馬卡龍冷藏後更美味**

不管任何方式保存，都建議先以保鮮膜將馬卡龍包好後冷藏至少半天；天氣較冷時，也可常溫，這些方式是讓馬卡龍外殼可以吸收內餡的水分，使口感達到一致，吸濕後再冷凍保存、常溫販售。

專欄 | Colonne

巧克力基礎操作與調溫手法

　　巧克力常見分成這兩種：免調溫、調溫，各自都有苦甜（黑巧）、牛奶、白色口味。免調溫巧克力是使用植物油加上香料調配而成，操作方便簡易，價格低廉，但口味沒有調溫巧克力來得佳。調溫巧克力是從可可豆採收後經由一系列繁瑣的製程（類似於咖啡），最後成為100％的可可漿，從可可漿再進行調配，做成各種％數的巧克力。

操作環境與濕度

　　製作程序通常分 2 ～ 3 天製作，使其在陰涼環境（例如：室溫 18 ～ 22℃、相對濕度 60％以下的巧克力房，或開啟最強冷氣搭配除濕機）有足夠的時間凝固。或直接放入冰箱凝固，但產品取出後放一段時間依然會偏軟。原因是放置於巧克力房，除了降溫之外就是抽乾水分。

　　巧克力調溫的原理，就是先將巧克力融化、結晶打散，透過降溫的過程，使結晶重組，重組後因為濃稠度較高而稍微回溫。最重要的除了溫度之外，攪拌也需要非常徹底且足夠，才不會凝固後出現油斑。

巧克力調溫示範

　　操作的溫度都應嚴格遵守表定的溫度，正負勿超過 0.5℃，測量巧克力溫度宜使用紅外線測溫槍，速度夠快、溫度可立即顯示。如下調溫供參考，各家廠牌的巧克力包裝袋通常有「調溫刻度表」，可依照包裝上的指示進行調整。

巧克力種類	黑巧克力	牛奶巧克力	白巧克力
理想三部曲	50℃→ 28℃→ 30 ～ 31℃	45℃→ 27℃→ 30℃	40℃→ 26℃→ 28 ～ 29℃

第 1 個溫度

　　以黑巧克力（苦甜）示範，將切小塊的調溫巧克力或現成鈕釦型巧克力放入盆中，以微波爐或隔水加熱的方式使巧克力融化（第 1 個溫度 50℃）。

・巧克力微波加熱方式

　　以微波爐短時間加熱融化，微波次數依照份量而定，比如 200 ～ 300g 小份量，微波一次的時間不宜超過 40 秒鐘，隨著溫度上升，如果只是 1 ～ 2℃的調整，時間 5 ～ 8 秒鐘即足夠。

第 2 個溫度

　　接著降溫至結晶溫度（第 2 個溫度 28℃）。降溫的方式可以加入更多（約占總量 1/3）的巧克力小塊或鈕釦型巧克力，次之使用冰塊水。

第 3 個溫度

　　接著不停以矽膠刮刀攪拌均勻，此時巧克力狀態應較為濃稠，待稍微回溫後採隔水加熱或微波 3 ～ 5 秒鐘，將溫度回到操作溫度（第 3 個溫度 30 ～ 31℃），即完成調溫步驟。

湯匙或抹刀測試調溫

　　用湯匙或抹刀沾一些融化巧克力，在冷氣房中如能於 5 分鐘內凝固，並且光滑沒有紋路，則表示調溫成功。

—Mendiants—

堅果巧克力塊

完成份量／約 500g
保存方式／常溫陰涼乾燥處 30 天

Matériaux
材－料

喜歡的%數黑巧克力	450g
綜合果仁	50g

Étape
作－法

1 將黑巧克力放入盆中，進行調溫三步驟 50℃→28℃→31℃，詳細操作參考 P.134。

2 再倒入鋪烤焙紙的烤盤中，稍微抹平後撒上綜合果仁。亦可將果仁和巧克力直接混合拌勻。

3 放涼後即可撥成片狀，或還有一點點柔軟度時以利刀切成整齊的塊狀。

·推薦三種理想的組合搭配

巧克力種類	黑巧克力	牛奶巧克力	白巧克力
搭配果仁	杏仁、榛果、夏威夷豆等較素色的堅果。	蔓越莓乾、杏仁、夏威夷豆、巴芮脆片、榛果、開心果等素色中帶一點點亮色的堅果。	草莓乾碎粒、夏威夷豆、各式脆片、乾燥玫瑰花瓣、亮色果乾（例如：杏桃乾）等，可以多搭配一些。
巧克力調溫	50℃→28℃→30～31℃	45℃→27℃→30℃	40℃→26℃→28～29℃

重點提醒

·依喜好挑選可可濃度%數與果仁種類

調溫巧克力是從可可豆採收後經由一系列繁瑣的製程（類似於咖啡），最後成為 100%的可可漿。從可可漿再進行調配，做成各種%數的巧克力。個人喜歡將巴芮脆片拌入巧克力中，巧克力倒入盤中後再撒上果仁或脆片，如此巧克力塊吃起來就不會太硬。

經典蛋糕
&蛋糕捲

———— *Montblanc* ————

法式蒙布朗栗子蛋糕

完成份量／4 個
保存方式／冷藏 3 天‧冷凍 14 天

Matériaux
材－料

蛋白餅		栗子奶油餡		其他	
蛋白	50g	細砂糖	20g	杏仁海綿蛋糕	1份（P.142）
細砂糖	100g	水	10g	香緹奶油餡	200g（P.24）
		蛋黃	20g	整顆糖漬栗子（切半）	4 個
		無鹽奶油	30g	防潮糖粉	20g
		栗子醬（純度 60%）	350g	金箔	適量

Étape
作－法

蛋白餅

1 以瑞士蛋白霜方式製作，將蛋白和細砂糖混合於鋼盆，底下墊一鍋熱水（水溫約 60℃微燙手），以打蛋器攪拌至細砂糖完全溶解（45～50℃）。

2 再倒入桌上型攪拌機的缸內（或是以原鋼盆搭配手持電動打蛋器），搭配球狀的高速打發至硬性發泡，即舉起打蛋器時，蛋白霜呈挺立且光亮狀態。

3 蛋白霜裝入擠花袋，以直徑圓口花嘴將蛋白霜擠於鋪烤焙紙或不沾油布的烤盤上，每個直徑 3.5～4cm、高度約 3cm，使用小湯匙沾些水將表面挖除 1 個小洞，再放入烤箱。

4 使用上下火 100℃（單火 100℃）低溫烤焙 2～3 小時至酥脆後取出。亦可使用烘乾機以 70℃烘 7～8 小時至乾。

栗子奶油餡

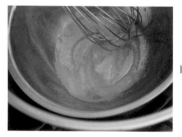

5 細砂糖、水和蛋黃混合，隔水加熱（水溫約 60℃微燙手）並打蛋器攪拌均勻，離開溫水盆後，以手持電動打蛋器打發至顏色變白，同時達到降溫效果。

6 分兩次加入室溫軟化的無鹽奶油，繼續打發至蓬鬆狀。

7 將栗子醬退冰至常溫（栗子醬若太硬，可加少量動物性鮮奶油調整軟硬度），加入作法 6 奶油霜中，以打蛋器拌勻，用篩網濾除結粒後裝入套蒙布朗花嘴的擠花袋。

8 杏仁海綿蛋糕壓出直徑 5cm 圓形共 4 片，於蛋糕中心擠上適量的香緹奶油餡，並放上蛋白餅。

9 在蛋白餅的洞擠入少量香緹奶油餡，並放上半顆糖漬栗子。

10 以抹刀取適量香緹奶油餡抹到作法 9 的半成品上，並以小抹刀抹成半圓，再放入冰箱冷凍，直到表面摸起來完全不黏手、凍硬的狀態，取出。

11 將栗子奶油餡擠於香緹奶油餡上，可搭配轉台繞圓擠工整，或隨性採左右前後擠線法，即為半成品冷凍保存，退冰後篩上防潮糖粉。

12 表面放上半顆糖漬栗子，並點上金箔即可。

重點提醒

· 抹上香緹奶油餡後冷凍，方便擠栗子奶油餡

尚未擠上栗子奶油餡前，可以先放冰箱冷凍至硬，如此擠上栗子奶油餡時若不完美，即可輕鬆將栗子奶油餡剝掉，重新再擠過。蒙布朗的製作方式非常多種，有些甜點師會在底部加上塔殼，看起來更為精緻。

· 蛋白餅需要長時間低溫烘乾

蛋白餅的最佳烘烤狀態是白色酥脆模樣，也因為需長時間，個人習慣前一天晚上先製作好，以當天烤箱的餘溫微烤，但僅限使用專業層爐，因家用烤箱散熱太快，不適合這樣製作。

Opéra

法國經典歌劇院蛋糕

完成份量／1 個
保存方式／冷藏 7 天・冷凍 30 天

材 – 料

杏仁海綿蛋糕

全蛋	155g
杏仁粉	120g
細砂糖（A）	16g
低筋麵粉	32g
無鹽奶油	25g
蛋白	105g
細砂糖（B）	100g

巧克力甘那許

53～60％黑巧克力	105g
動物性鮮奶油	90g
無鹽奶油	15g

咖啡酒糖水

水	32g
細砂糖	40g
熱水	40g
即溶咖啡粉	8g
咖啡酒	10g

咖啡奶油霜

細砂糖	45g
水	10g
蛋黃	20g
無鹽奶油	55g
咖啡粉	1g
熱水	5g

巧克力淋面

吉利丁片	2.5g（約1片）
細砂糖	47g
水	20g
葡萄糖漿	25g
無糖可可粉	12g
動物性鮮奶油	35g

作 – 法

杏仁海綿蛋糕

1 將已過篩的全蛋、杏仁粉、細砂糖（A）和低筋麵粉放入攪拌缸，用槳狀打蛋器的慢速攪拌均勻。

2 無鹽奶油以微波或隔水加熱的方式融化，備用。

3 蛋白放入盆中，因糖量較多分 5～8 次加入細砂糖（B），以手持電動打蛋器打發至硬性發泡，即舉起打蛋器時，蛋白霜呈挺立且光亮狀態。

4 蛋白霜分兩次加入作法 1 杏仁麵糊中，以矽膠刮刀輕輕拌勻，加入融化的無鹽奶油拌勻。

入模烤焙

5 再倒入鋪烤焙紙或不沾油布的烤盤上（可製作 1 盤 40×30cm），使用刮板抹平麵糊，再放入烤箱，上火 170℃、下火 150℃（單火 160℃）烤焙 13 ～ 15 分鐘至金黃色，用手指輕壓會立刻回彈即可出爐。

6 蛋糕上方壓一個烤盤並整體倒扣後將熱烤盤取走，使蛋糕倒扣在另一個烤盤上，如此做可以將蛋糕皮黏起（去皮方式），撕除烤焙紙後放涼，使用 14.5cm 方形慕斯框壓出 4 片蛋糕備用。

巧克力甘那許

7 所有材料放入盆中，以隔水加熱或微波的方式，加熱融化到 40 ～ 45℃，使用打蛋器或刮刀攪拌均勻。

咖啡酒糖水

8 水和細砂糖以小火煮滾，即為波美糖水。熱水與咖啡粉拌勻成濃縮咖啡，和波美糖水混合拌勻，再加入咖啡酒拌勻即可。

咖啡奶油霜

9 細砂糖、水和蛋黃放入鋼盆，底下墊一鍋熱水（水溫約 60℃ 微燙手），以打蛋器攪拌均勻後換電動機器打發至顏色變白。

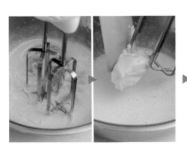 

10 室溫軟化的無鹽奶油分兩次加入作法 9 中，換手持電動打蛋器繼續打發至蓬鬆狀。

11 咖啡粉與熱水拌勻（或咖啡粉加水後微波亦可），即為濃縮咖啡，再倒入作法 10 中拌勻，備用。

巧克力淋面

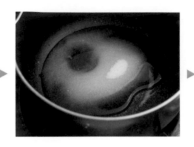

12 吉利丁泡冰水軟化。細砂糖、水和葡萄糖漿放入湯鍋，以小火煮至沸騰，加入已過篩的可可粉，並以打蛋器攪拌均勻。

13 吉利丁片滴乾水分後加入作法 12，攪拌至融化，再加入動物性鮮奶油，繼續拌勻，透過篩網過濾或手持調理棒（均質機）攪打，使質地更好。

14 巧克力淋面貼上保鮮膜後冷藏 30 分鐘，可提前將淋面做好後冷藏至隔天，效果更佳。

組合裝飾

15 取 1 片蛋糕放入底部包覆保鮮膜的方形慕斯框，刷上一層咖啡酒糖水，擠入一半的巧克力甘那許，以刮板抹平。

16 再放入 1 片蛋糕體，刷上一層咖啡酒糖水，擠入一半的咖啡奶油霜，放入冰箱以刮板抹平。

17 重覆作法 15、16 一次，最表面一層為咖啡奶油霜，以刮板抹平，放入冰箱冷凍 2 小時定型。

18 取出蛋糕後脫模，使用噴火槍或包覆熱毛巾，將四周稍微加熱即可脫模。

19 巧克力淋面取出後挖少部分裝入擠花袋留寫字，剩餘的以微波方式加熱至融化一半，以手持攪拌棒攪拌過，勿攪入空氣。

20 將巧克力淋面快速倒在蛋糕表面，需注意四周四角比較不容易淋到，抹刀抹平後冷藏 10 分鐘至凝固，取出後以泡過熱水的利刀修邊。

21 蛋糕切適合的尺寸後，以擠花袋中的淋面巧克力寫字，裝飾金箔即可。

重點提醒

・**巧克力淋面降溫方法**

如果沒有手持調理棒可攪拌巧克力淋面，則可待完全融化後隔冰水降溫，並使用矽膠刮刀攪拌，直到溫度大約 30 ～ 31℃即可使用。

・**經典歌劇院蛋糕層次**

歌劇院蛋糕共 9 層層次，一層蛋糕、一層內餡，最後一層則是巧克力淋面，由於製作過程較繁雜，故部分店家會減少層次，但每一層的厚度增加。一般餐廳或飯店則將蛋糕製作完成，並於冰箱備妥巧克力淋面，需要使用時就取出淋面，待蛋糕退冰後即可出餐。咖啡酒糖水的即溶咖啡粉、咖啡酒，可依個人喜好調整份量。

・**杏仁海綿蛋糕質地較為紮實**

經常使用於慕斯蛋糕類，本書「法式蒙布朗栗子蛋糕」（P.138）也是使用這款蛋糕製作蛋糕底座。

Gâteau au charlotte

芒果夏洛特蛋糕

完成份量 1 個
保存方式 冷藏 3 天

Matériaux
材 料

糕體

| 6～7cm 長條手指蛋糕 | 1 整排（P.42） |
| 6～7 吋圓形手指蛋糕直徑 | 2 片（P.44） |

芒果慕斯

蛋黃	40g
細砂糖	35g
芒果果泥	150g
吉利丁片	7.5g（約3片）
動物性鮮奶油	150g

裝飾

| 新鮮芒果（切丁） | 1 個 |
| 開心果仁 | 3～5 顆 |

Étape
作一法

準備糕體

1 使用保鮮膜將 6 吋圓形慕斯框封底，長條手指蛋糕先鋪於 6 吋圓形慕斯框內側邊緣，取 1 片圓形手指蛋糕鋪於底部，如果太大可用剪刀修剪。

芒果慕斯

2 蛋黃與細砂糖混合，以隔水加熱（底下水溫約 60℃微燙手），並用打蛋器拌勻，加入芒果果泥拌勻。

3 吉利丁泡冰水軟化，滴乾水分後放入小碗，加入少量作法 2，一起微波 8 〜 10 秒鐘至融化。

4 將作法 3 倒回作法 2 中，立刻攪拌均勻。

5 動物性鮮奶油放入盆中，以電動打蛋器的中速打發至 7 分發（明顯紋路且光亮），再與溫度約 22℃的作法 4 芒果泥拌勻，即是芒果慕斯。

入模組合

6 將芒果慕斯倒入作法 1 慕斯框內約一半的高度，放上第 2 片圓形手指蛋糕，繼續倒入芒果慕斯至 9 分滿。

7 此刻完成的半成品可冷凍保存 14 天；若立刻食用，則冷凍 1 小時（或冷藏 2 小時）至凝固。自冰箱取出後，小心將慕斯框向上拉使脫模。

8 在慕斯表面鋪滿芒果丁，並放上開心果仁裝飾，接著於蛋糕外側圍上漂亮的緞帶即可。

重點提醒

· **水果慕斯餡更清爽**

這款蛋糕原始的慕斯是使用外交官奶油餡，但個人考量亞洲人的口味，並非喜歡吃奶味太重的口感，所以換成較為清爽的水果慕斯，果泥亦可換成各種口味，讓慕斯增添不同色彩。

· **慕斯餡口味變化**

慕斯內容物可增加各種水果內餡（可用 P.166 檸檬餡，將檸檬汁換成喜歡的果泥），再填入 4～5 吋包保鮮膜的慕斯圈內冷凍，取出後脫模，變成一塊冷凍的水果餡餅塊，直接放入正在組合的這款夏洛特慕斯中。

· **蛋糕體刷上咖啡酒糖水**

參考 P.142 法國經典歌劇院蛋糕的咖啡酒糖水作法，但只使用波美糖水＋利口酒或水果酒＋飲用水，可依口味調整比例，增加濕潤度。

· **刷上鏡面果膠，可維持水果亮度**

在芒果表面刷上市售的鏡面果膠，能維持亮度及冷藏過程可避免變色太快；若未刷上鏡面果膠，則建議當天食用完畢。

—— *Fraisier* ——

草莓芙蓮蛋糕

完成份量 ╱ 1 個
保存方式 ╱ 冷藏 3 天

Matériaux
材－料

糕體

杏仁海綿蛋糕　1 份（P.142）

慕斯林奶油餡　1 份（P.30）

其他

防潮糖粉　30g

新鮮草莓　10 顆

新鮮薄荷葉　適量

Étape
作－法

糕體

1 使用直徑 6 吋慕斯圈將杏仁海綿蛋糕壓出 2 片圓形，取保鮮膜將 6 吋圓形慕斯框封底。

組合

 ▶

2 放入 1 片蛋糕，慕斯圈內側排上整圈去蒂頭及切半的草莓。

 ▶  ▶

3 於草莓彼此間擠入慕斯林奶油餡，並用小抹刀將其抹入草莓之間的空隙，蛋糕中心擠上適量慕斯林奶油餡。

4 再放入一些去蒂頭及切半的草莓，繼續於蛋糕中心擠上適量慕斯林奶油餡至 8 ～ 9 分滿，需留 35 ～ 50g 慕斯林奶油餡，用刮版抹平。

5 接著放入第 2 片蛋糕，保鮮膜包裹好後冷藏 3 ～ 5 小時。

6 取出後使用噴火槍或包覆熱毛巾，將慕斯圈四周稍微加熱，往上拉即脫模，表面抹上剛才預留的慕斯林奶油餡，使其表面更平整。

裝飾

7 於蛋糕表面篩上防潮糖粉，放上切半留蒂頭的草莓及薄荷葉（或其他香草葉）裝飾即可。

重點提醒

· **慕斯林奶油餡可換成外交官奶油餡**
傳統的草莓芙蓮蛋糕中心是夾入慕斯林奶油餡，但因口感較為濃厚，許多店家改成夾入清爽的慕斯或較為硬挺的外交官奶油餡（P.22）。

· **當天現做現吃，口感更佳**
這款蛋糕因使用新鮮水果，僅能冷藏，不宜冷凍保存，所以製作份量不宜太多；若是有接訂單生產者，勿先做起來放。

· **慕斯林奶油餡與草莓量互相搭配**
慕斯林奶油餡可依照草莓尺寸調整份量；新鮮草莓有大有小，可依照尺寸調整需要的數量。

—— Soufflé ——

舒芙蕾

完成份量╱4 杯
保存方式╱5 分鐘內熱食，不宜冷藏及冷凍

Matériaux
材－料

麵糊		其他	
無鹽奶油（A）	20g	無鹽奶油（B）	30g
低筋麵粉	10g	細砂糖（B）	30g
牛奶	80g	防潮糖粉	20g
蛋黃	36g		
蛋白	66g		
細砂糖（A）	40g		

Étape
作－法

麵糊

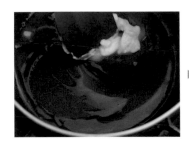  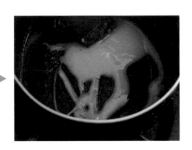

1 無鹽奶油（A）以小火加熱至融化，再加入已過篩的低筋麵粉，用矽膠刮刀或木匙拌炒均勻。

2 分兩次加入牛奶，繼續攪拌均勻且濃稠狀，關火，再加入蛋黃並攪拌均勻。

3 蛋白放入另一個盆中，分3次加入細砂糖（A），並以手持電動打蛋器打發至濕性發泡，即蛋白霜尾端呈小彎勾。

4 將蛋白霜分兩次加入作法2的蛋黃糊，使用矽膠刮刀輕輕拌勻。

入模烤焙

5 將無鹽奶油（B）退冰，使用毛刷刷於烤杯內底部和側邊，並撒上細砂糖（B）後將烤杯轉一圈，再倒出多餘的細砂糖，留下薄薄一層即可。

6 將作法4麵糊倒入烤杯中至杯口全滿，用抹刀抹平。

7 排入烤盤後，放入以上下火180℃（單火180℃）預熱好的烤箱，烤焙約15分鐘後取出。

8 立即篩上防潮糖粉並享用，不宜冷卻，糕體會縮小而影響口感。

重點提醒

· **烤焙時間愈久則糕體愈乾**
可以降溫烤焙，大約175℃烤25分鐘直到顏色適當為止，但仍需依照烤箱特性調整。烤的時間愈久則吃起來愈乾，但相對出爐後的耐久度亦能更持久。

· **麵糊和蛋白霜混合宜輕巧**
簡單可以理解舒芙蕾即是卡士達餡加入蛋白霜進行烤焙。製作麵糊程序很重要，卡士達餡的部分千萬不能燒焦，拌入蛋白霜時也需小心，避免消泡。

—— Rouleau de gâteau ——

經典奶油蛋糕捲

完成份量 ╱ 18cm 蛋糕捲 2 條
保存方式 ╱ 冷藏 3 天・冷凍 14 天

Matériaux
材－料

糕體
⁞ 戚風蛋糕麵糊　2 份（400 ～ 425g）（P.32）

夾餡
⁞ 香緹奶油餡　　1 份（P.24）

Étape
作－法

糕體

 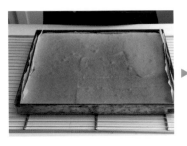

1 在 40×30cm 的烤盤鋪上烤焙紙或不沾油布，倒入拌好的戚風麵糊，並以刮板抹平。

2 以上火 190℃、下火 160℃（單火 175℃）烤焙 8 ～ 10 分鐘至呈淺黃色，降溫至上火 170℃、下火 140℃（單火 155℃），繼續烤 12 ～ 14 分鐘至手指輕壓會立刻回彈即可出爐。

3 烤盤於桌面或地板上重敲一下，並以手捏住烤焙紙的方式將烤盤抽離，使糕體可以放在網架上，撕開四周烤焙紙，待涼。

夾餡

4 戚風蛋糕翻面後將皮朝下置於大約 60×40cm 的烤焙紙上，香緹奶油餡均勻抹於蛋糕體表面，用抹刀將香緹奶油餡集中到靠近自己這端，變成一捆香緹奶油餡（距離蛋糕邊緣抓約 3 ～ 5cm）。

5 用抹刀輕輕劃出 3 條裂紋，捲起時比較好捲。

捲起

6 使用鐵尺（或牌尺、擀麵棍）輔助，鐵尺放在烤焙紙下方並貼著蛋糕邊，讓烤焙紙包覆鐵尺，貼著蛋糕往前捲起成蛋糕捲。

7 捲到尾端時，將鐵尺貼近蛋糕捲往自己身體方向稍微壓一壓使蛋糕更定型，冷藏 10 分鐘，打開烤焙紙後將蛋糕捲頭尾切平，從中間對切成兩條（每條約 18cm），食用前切片即可。

重點提醒

· **烤焙糕體分兩階段原因**

前段爐溫烤上色及表面有結皮，後段時間固定糕體組織並蒸發水分，避免蛋糕出爐後過度回縮。如果烤出來表面非常紮實，輕輕壓就出現裂紋，捲起時也容易龜裂。可以在出爐時趁熱於表面鋪上一層保鮮膜約 8 ～ 10 分鐘，使熱氣悶在裡面能軟化蛋糕體。

· **捲入水果的訣竅**

蛋糕體的重量可依照個人喜好調整，可厚可薄。若想夾入草莓或其他水果，則在抹平香緹奶油餡時將水果放置於靠近自己 3 ～ 5cm 處，取代上述一捆鮮奶油餡的作法，並將水果壓入香緹奶油餡再捲起。有放新鮮水果的蛋糕捲不宜冷凍，只能冷藏，並盡快吃完。

· **生鮮奶油與生乳捲**

只有使用北海道地區的「生鮮奶油」製作的蛋糕捲可以稱為「生乳捲」，本書這款蛋糕捲使用法國鮮奶油，故只能稱為鮮奶油蛋糕捲或香緹奶油蛋糕。

· **巧克力香緹蛋糕捲作法**

可將糕體中麵粉的 10% 乘 0.8 倍替換成無糖可可粉（參見 P.37），做成巧克力蛋糕，並搭配打發甘那許（P.26）當作內餡，變成巧克力香緹蛋糕捲。

Rouleau à biscuits

咖啡焦糖流心
海綿蛋糕捲

完成份量 ∕ 18cm 蛋糕捲 2 條
保存方式 ∕ 冷藏 3 天 · 冷凍 14 天

Matériaux
材－料

糕體
- 海綿蛋糕麵糊　1 份（約 600g）（P.38）

咖啡香緹奶油餡
- 香緹奶油餡　1 份（P.24）
- 即溶咖啡粉　5g

焦糖流心
- 細砂糖　　　　50g
- 動物性鮮奶油　50g

裝飾
- 杏仁角　　　　100g

Étape
作－法

糕體

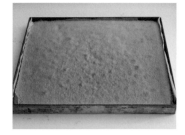

1 在 40×30cm 的烤盤鋪上烤焙紙或不沾油布，倒入拌好的海綿麵糊（咖啡口味），並以刮板抹平。

2 放入烤箱，使用上火170℃、下火 150℃（單火 160℃）烤 13 ～ 15 分鐘至金黃色，用手指輕壓會立刻回彈即可出爐。

3 蛋糕上方壓一個烤盤並整體倒扣後將熱烤盤取走，使蛋糕倒扣在另一個烤盤上，如此做可以將蛋糕皮黏起（去皮方式），放涼。

咖啡香緹奶油餡

4 取少量香緹奶油餡和咖啡粉微波 10 秒鐘，拌勻，再拌回原本香緹奶油餡，變成咖啡口味。

焦糖流心

5 細砂糖以小火加熱，並以矽膠刮刀或木匙不停翻炒，過程中可將動物鮮奶油先進行微波溫熱即可，不用很燙。待焦糖顏色變深時，分次將鮮奶油倒入，並快速攪拌均勻。

6 鮮奶油全部加完後繼續沸騰 30 ～ 60 秒鐘，使其更濃稠，再倒入烤盤快速降溫，可搭配冷凍或冷藏輔助降溫，完全涼後裝入擠花袋。

7 杏仁角以上火 170℃、下火 150℃（單火 160℃）烤 10～15 分鐘至金黃色，若顏色不均，中途可翻拌使上色均勻。

8 糕體放涼後再次倒扣，得到 1 片沒有皮的蛋糕（捲的時候正反面朝上皆可）置於大約 60×40cm 的烤焙紙上，咖啡香緹奶油餡（預留約 50g 表面裝飾）抹於蛋糕體，用抹刀集中到靠近自己這端，變成一捆（距離蛋糕邊緣抓約 3～5cm）。

9 焦糖流心擠在抹好一捆的咖啡香緹奶油餡上，可重複擠 2～3 條，也能分散擠於各處，用抹刀輕輕劃出 3 條裂紋，捲起時比較好捲。

10 使用鐵尺（或牌尺、擀麵棍）輔助，鐵尺放在烤焙紙下方並貼著蛋糕邊往前捲起至尾端，稍微壓一壓使蛋糕更定型。

11 將蛋糕捲頭尾切平，抹上預留的 50g 咖啡香緹奶油餡抹在表面，並均勻撒上杏仁角，冷藏 10 分鐘，即可切片食用。

・**焦糖流心餡冰過更好擠**

焦糖流心餡即使冷凍也不會變得太硬，故建議可以冷凍 10 分鐘，擠在蛋糕上後立即捲起。回到冷藏狀態時就是很完美的流心效果。焦糖流心煮好後沸騰久一點，流心就會硬一點，甚至類似太妃糖的口感，適合新手操作，包捲時較不易流得到處是。

・**蛋糕捲含濃郁咖啡香**

糕體和香緹奶油餡含咖啡粉，並搭配焦糖流心餡，讓這道蛋糕捲含濃郁咖啡香，咖啡粉量可依喜好增減。本產品因不含鮮果，冷藏或冷凍保存皆適合。

Chapter

8

— Huit —

塔酥甜點

Tarte aux fruits saison

經典卡士達水果塔

完成份量　1 個
保存方式　成品冷藏 1 天
　　　　　　杏仁塔冷凍 14 天

Matériaux
材–料

塔殼
| 6 吋空塔殼 | 1 個（P.47） |
| 免調溫白巧克力 | 50g |

杏仁餡
杏仁粉	50g
無鹽奶油	50g
細砂糖	50g
全蛋	50g

其他
香草卡士達餡	150g（P.20）
時令水果	適量
鏡面果膠	適量
金箔	適量

Étape
作 - 法
Étape

準備塔殼

1 將烤好的 6 吋空塔殼放室溫退冰，白巧克力以隔水加熱融化，在空塔殼刷上薄薄一層，能隔絕水分使塔殼保持酥脆度更久。

杏仁餡

2 杏仁粉和室溫軟化的無鹽奶油放入盆中，以矽膠刮刀拌勻（勿打發，容易在烤焙時過度膨脹），加入細砂糖拌勻，接著分兩次加入全蛋拌勻。

3 杏仁餡裝入擠花袋後擠入淺金黃色的塔殼中，以上火 170℃、下火 150℃（單火 160℃）烤焙 10 ～ 15 分鐘至整體呈淡褐色，即為杏仁塔，放涼後可冷凍保存 14 天。

組合裝飾

4 香草卡士達餡鋪在已經完全涼的杏仁塔上，用抹刀抹平。

5 鋪上適量時令水果，可以在水果表面刷上鏡面果膠，金箔點綴即可。

重點提醒

- **時令水果種類**

可挑選較常見或喜歡吃的柳橙、哈密瓜、芒果、草莓、藍莓、覆盆子等各種當季水果。產品也可以變成單一水果的塔，例如：草莓塔、芒果塔、藍莓塔。

- **杏仁塔當作塔基底**

烤好並放涼的杏仁塔當作塔的基底，可鋪上喜歡的慕斯餡或是果醬等產品。如果要製作迷你小塔，亦可省略杏仁餡，直接以空塔殼，擠入香草卡士達餡後放入水果。

— Tarte au citron —

法式傳統
檸檬塔

完成份量／ 1 個
保存方式／ 成品冷藏 3 天．
杏仁塔冷凍 14 天

Matériaux
Matériaux
材－料

塔殼
6 吋空塔殼	1 個（P.47）
免調溫白巧克力	50g

檸檬餡
檸檬汁	60g
柳橙汁	35g
全蛋	100g
蛋黃	45g
細砂糖	95g
吉利丁片	2.5g（約 1 片）
無鹽奶油	70g

義大利蛋白霜
水	35g
細砂糖	100g
蛋白	50g

裝飾
檸檬皮	1 個

作－法

準備空塔殼

1 將烤好的 6 吋空塔殼放室溫退冰，白巧克力以隔水加熱融化，在空塔殼刷上薄薄一層，能隔絕水分使塔殼保持酥脆度更久。

檸檬餡

2 檸檬汁和柳橙汁混合，以小火加熱直到冒煙即可。

3 全蛋、蛋黃和細砂糖放入另一個盆中，攪拌均勻。

4 作法 2 果汁分兩次倒入作法 3 蛋糊中，邊沖邊使用打蛋器拌勻為液態的奶餡。

5 再倒回湯鍋，以小火邊加熱邊攪拌到溫度 82℃（或看到有明顯濃稠度），離火。

6 接著放入已用冰水泡軟的吉利丁片，攪拌至融化，室溫降溫（或隔冰水降溫）至約 40℃。

7 室溫軟化的無鹽奶油捏成小塊後加入作法 6 中，繼續拌勻，再用篩網過濾 1 ～ 2 次，或換均質機攪拌讓質地更滑順。

8 將檸檬餡倒入空塔殼中，此階段為半成品，可冷藏 4 小時至凝固（或是冷凍保存 14 天）。

義大利蛋白霜

9 水和細砂糖放入湯鍋，以小火煮滾至 118～121℃即為糖漿，大約煮到 105℃時，開始打發蛋白。

10 蛋白放入另一個盆中，以手持電動打蛋器的中速打發，不需擔心過發。當糖漿溫度到達即慢慢倒入蛋白中，邊倒繼續打發。

11 糖漿全部倒完後，繼續打發並達到降溫約 35℃（摸起來有點微溫即可），換慢速稍微攪拌使氣泡細緻，即完成義大利蛋白霜。

裝飾

 ▶  ▶

12 義大利蛋白霜裝入擠花袋（可搭配喜歡的花嘴形狀），擠在檸檬塔表面，可用噴火槍稍微烤過使表面出現漂亮的焦黃色（亦可省略），刨上檸檬皮即可。

重點提醒

· **柳橙汁調整酸度和味道**

檸檬汁因為偏酸，所以加入少量柳橙汁調和酸度和味道，若不怕酸者，也可全部使用檸檬汁。如果有展示或販售需求，可以在檸檬餡的表面刷上鏡面果膠，放在冰箱陳列櫃比較不容易乾燥、裂開等。

· **檸檬餡變化各種風味**

亦可做成各種口味，只要將果汁換成各種果泥即可。

· **義大利蛋白霜必須立刻使用**

義大利蛋白霜完成後必須立刻擠在凝固的檸檬塔上，打完後若一陣子未使用，必須再重新打發。

· **各種蛋白霜特性**

裝飾必須用義大利蛋白霜（加熱打發），傳統法式蛋白霜（直接加糖打發），或是瑞士蛋白霜（蛋白與細砂糖混合後隔水加熱再打發），皆無法達到殺菌的溫度，不宜生食。

Tarte tatin

法式翻轉蘋果塔

完成份量／1 個
保存方式／熱食・冷藏 3 天

Matériaux 材－料	塔皮	焦糖蘋果	其他
	塔皮麵團　150g（P.45）	蘋果（中等尺寸）　3個	喜歡的冰淇淋　1球
		無鹽奶油　　　　　50g	
		細砂糖　　　　　　25g	

Étape
作－法

塔皮

1 塔皮麵團擀成比 6 吋大一點的圓形，以利刀切好後包覆保鮮膜，冷藏至少 1 小時。

2 取出後放入以上下火 190℃（單火 190℃）預熱好的烤箱，烤焙約 10 分鐘至淺金黃色，取出後放涼。

焦糖蘋果

3 蘋果去皮及核籽後切成 1 開 8 的片狀。

4 在平底鍋中放入無鹽奶油和細砂糖，以中小火熬煮至焦糖化。

5 放入蘋果片後立即翻炒，此時焦糖會瞬間凝固，轉小火持續炒約 15 分鐘，看到蘋果變成顏色較深、整體稍軟的狀態，關火。

171

組合烤焙

6 將焦糖蘋果工整排入 6 吋固定底蛋糕模，剩餘的焦糖全部倒入蛋糕模。

7 蓋上鋁箔紙並包覆好，用叉子戳數個洞，以上下火 190℃（單火 190℃）烤 30～45 分鐘，使蘋果整體呈現半透明的焦糖色，取出。

8 鋪上作法 2 塔皮，以上下火 190℃（單火 190℃）繼續烤約 15 分鐘讓塔皮整體呈淺咖啡色。

9 出爐後放置 5 分鐘，再蓋上 1 個盤子，快速倒扣使其脫模，放涼後冷藏，這道甜點溫熱或冷食皆宜，也可搭配冰淇淋一起享用。

重點提醒

- **塔皮放室溫退冰並稍微擀大**

  塔皮剛從冰箱拿出來比較硬，可放室溫稍微退冰使其具塑性，擀製時可比蛋糕模尺寸稍微大一些，因為烤焙後會再縮一點。務必使用固定底蛋糕模製作這款甜點，塔皮也可換成酥皮，嘗嘗不同的口感。

- **塔皮擀平後和焦糖蘋果一起烤**

  可直接將生的塔皮擀平後放入模具中，和焦糖蘋果一起烤，但塔皮的形狀就容易因為蘋果的凹凸而變形，故個人習慣先將塔皮烤熟再組合。

- **蘋果焦糖甜度可酌量調整**

  蘋果品種以富士為佳，質地紮實、脆一點的比較好。蘋果的焦糖甜度可依個人喜好調整，也可部分替換二砂糖，使味道更香。

– Tarte aux noix au caramèlisè –

焦糖堅果塔

Matériaux
材 — 料

完成份量／10 個
保存方式／常温 3 天

塔皮
↕ 2 吋空塔殼　　10 個（P.46）

堅果餡
夏威夷豆　　　80g
蔓越莓乾　　　20g
南瓜子　　　　30g
蜂蜜　　　　　25g
細砂糖　　　　50g
無鹽奶油　　　30g
動物性鮮奶油　35g

作-法

準備空塔殼

1 將烤好的 2 吋空塔殼放室溫退冰。

堅果餡

2 夏威夷豆上下火100℃（單火100℃）低溫烤 1 小時，取出後和蔓越莓乾，南瓜子混合備用。

3 蜂蜜、細砂糖、無鹽奶油和動物性鮮奶油放入湯鍋，以小火邊加熱邊攪拌避免焦鍋，加熱至 115℃，放入所有堅果，以矽膠刮刀拌勻，關火備用。

組合

4 將堅果餡平均舀入空塔殼內，可以淋一些糖漿，不宜太多。放入烤箱，以上火 170℃、下火 150℃（單火 160℃）烤焙 10 ～ 12 分鐘至焦糖色即可。

重點提醒

- **夏威夷豆需 100℃低溫長時間烤焙**
  因為油脂含量太高，如果以正常的堅果烘烤方式（170 ～ 180℃烤 18 ～ 20 分鐘），很容易上色出油，也放不久。所以使用低溫長時間烤焙，將水分烘出，讓香氣、脆度烤出來即可。
- **冷凍空塔殼的加熱方式**
  空塔殼可單獨包好後冷凍保存，使用時以 120℃烤 15 ～ 20 分鐘，將水分蒸發，即可恢復原本的脆度。不僅塔殼，餅乾也適合如此加熱處理。

— Chausson —

蘋果香頌

完成份量／6 個

保存方式／常溫 1 天‧冷藏 3 天

Matériaux
材－料

酥皮
┃ 基本酥皮　1份（P.48）

蘋果餡
┃ 蘋果　　　250g
┃ 檸檬汁　　20g
┃ 細砂糖　　40g
┃ 香草莢醬　2g
┃ 無鹽奶油　15g

裝飾
┃ 蛋黃　　　1個
┃ 波美糖水　1份（P.178）

Étape
作－法

準備酥皮

1 基本酥皮放室温退冰，擀成厚度約 0.3cm 長方形，取直徑約 8cm 圓切模壓出 6 片圓片備用。

蘋果餡

2 蘋果去皮及核籽後切小丁，立刻加入檸檬汁拌勻，避免氧化。

3 細砂糖放入平底鍋中，以中火邊加熱邊使用木匙或矽膠刮刀攪拌，煮至呈焦糖色。

4 將蘋果、香草莢醬加入作法 3 焦糖中，轉小火繼續炒，經過焦糖結塊後慢慢融化，並且蘋果出水直到收乾水分。

5 再加入無鹽奶油拌炒至融化，關火後放置室溫待涼。

Chausson

包裹烤焙

6 每個酥皮擀開成橢圓形，中間放上約 20g 的蘋果餡，在酥皮上半部的邊緣刷上打散的蛋黃，薄薄一層即可。

7 將另一端酥皮拉起後對折並黏合（酥皮務必黏合緊貼，可避免烤焙時爆餡），若酥皮變軟或濕黏，立即冷藏定型。

8 每個蘋果酥皮排入不沾烤盤，表面刷上一層蛋黃，並冷藏約 10 分鐘待乾燥。

9 取出後於酥皮表面畫上數條曲線紋路，以上下火 190℃（單火 190℃）烤焙約 25 分鐘至金黃色，取出後立即刷上波美糖水，增加亮度與甜度。

重點提醒

· **香草莢醬與香草莢換算量**
香草莢醬 2g 大約等於香草莢 0.2 支，香草莢的籽刮出後連同殼一起和蘋果丁拌炒，香氣更濃郁。

· **蘋果餡加鳳梨增香**
蘋果可換成鳳梨，由於鳳梨水量較高，可以補一點點玉米粉（約 5g），於水果餡收稠時加入，一起勾芡。

Mille-feuille aux crème pâtisserie aux fraises

法式卡士達草莓千層酥

完成份量 ╱ 4 個
保存方式 ╱ 冷藏 3 天

Matériaux
材 - 料

酥皮
基本酥皮　1 份（P.48）

波美糖水
水　　　100g
細砂糖　130g

夾餡
新鮮草莓　　　約 12 顆
香草卡士達餡　400g（P.20）

裝飾
防潮糖粉　　　20g

作－法

烤焙酥皮

1 基本酥皮放室溫退冰，擀成厚度 0.3 ～ 0.4cm 長方形（大約 40×30cm），以擀麵棍協助鋪於墊烤焙紙（或不沾油布、有洞的矽膠墊）的烤盤上

2 用叉子將酥皮表面戳洞，冷凍約 15 分鐘鬆弛。

3 放入以上下 195℃（單火 195℃）預熱好的烤箱，烤焙約 10 分鐘至整個酥皮隆起，蓋上 1 張烤焙紙後壓上 1 個烤盤，使其壓平。

4 繼續烤 20 ～ 25 分鐘至整體呈金黃色，取出後放涼。

修邊切塊

5 水和細砂糖放入湯鍋，以小火煮滾，關火。酥皮趁剛出爐時立即刷上一層波美糖水，增加色澤和甜味，也使得酥皮表面更酥脆。

6 使用鋸齒刀先修除酥皮邊緣，再切成 8×4cm 的塊狀，放涼後即可組合。

組合裝飾

7 大部分草莓去蒂頭後一開四，吸乾水分。香草卡士達餡裝入套圓口花嘴的擠花袋，擠在酥皮中間，兩側放上草莓，再擠一層香草卡士達餡。

8 蓋上酥皮後，表面篩上防潮糖粉裝飾，再放上切對半的草莓裝飾即可。

重點提醒

· **趁酥皮熱時刷上波美糖水**

波美糖水基本比例：水 100g、細砂糖 135g，小火煮滾即可，應趁熱刷在剛出爐的酥皮，聽到表面有劈哩啪啦的聲音。若不想刷波美糖水，亦可烤至金黃色時取出，篩上一層均勻的糖粉，並以上火 250℃烘烤約 5 分鐘，使糖粉變成焦糖化即可。但因烤箱溫度有時候不是很均勻，糖粉厚薄掌控不好也會導致顏色不均勻，所以個人習慣刷糖水。

· **千層酥尺寸和內餡可依喜好調整**

千層酥尺寸可依個人喜好調整，內餡亦可換成各種打發甘那許，沒有強制需如何組合才是最正統。

· **烤好的酥皮冷凍後處理**

香草卡士達餡可冷藏保存 3 ～ 5 天，酥皮烤好後可常溫 3 天或冷凍 14 天，使用之前建議將酥皮低溫回烤一下，120℃烤 15 ～ 20 分鐘。通常都是食用前才進行組裝，可以吃到最酥脆且新鮮的口感。

Chapter

9

— Neuf —

免烤箱
甜點

Crêpes suzette

法式火焰薄餅佐柳橙果漿

完成份量 / 4 份

保存方式 / 熱食，不宜冷藏及冷凍

Matériaux
材－料

薄餅麵糊

牛奶	215g
無鹽奶油	18g
全蛋	62g
細砂糖	15g
鹽	1g
低筋麵粉	62g

柳橙檸檬果漿

柳橙	2 個
檸檬	1 個
無鹽奶油	60g
細砂糖	35g
香橙甘邑酒（or 君度橙酒）	60g

裝飾

香緹奶油餡	100g（P.24）
新鮮薄荷	2 小株

Étape
作－法

薄餅麵糊

1 牛奶和無鹽奶油以中小火加熱至冒煙（鍋中液體約60℃）。

2 全蛋、細砂糖和鹽放入盆中，使用打蛋器攪拌均勻，再加入已過篩的低筋麵粉攪拌均勻。

3 作法1材料分次加入作法2中，需等每次完全拌勻才能加入更多牛奶，過濾後冷藏至少3小時再使用。

煎製

4 取1支直徑約18cm的不沾平底鍋，非不沾鍋可以先抹薄薄一層沙拉油。

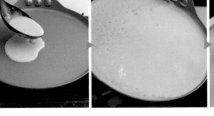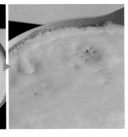

5 以中火熱鍋至手放在鍋子上方，有聚熱的感覺即可，舀入1湯勺麵糊（約50g），立刻傾斜鍋子使麵糊更均勻散開，繼續煎至麵糊冒小泡泡及邊緣有翹起的狀態，關火。

6 在鍋中使用筷子或夾子將薄餅對折再對折，再盛於大圓盤，本配方大約可煎8片薄餅。

柳橙檸檬果漿

7 所有柳橙和檸檬都先將皮削成絲；柳橙1個取肉、另一個取汁，檸檬取汁，備用。

8 無鹽奶油、細砂糖放入乾淨的平底鍋，同時加入作法7的果汁、果肉及果皮，以小火加熱至奶油和糖融化，再放入煎好的薄餅（亦可盛盤前再放）。

9 香橙甘邑酒倒入鐵鍋中，以噴火槍點火燃燒，再倒入作法8鍋中繼續加熱直到火熄滅、酒精燃燒完全，關火。若沒有噴火槍可忽略此步驟。

組合

10 將餅皮放置盤子上，果漿搭配果肉一起淋到薄餅上，可舀入1球香緹奶油餡或冰淇淋，並以薄荷裝飾，趁熱享用。

重點提醒

· **薄餅麵糊冷藏原因**

拌好的薄餅麵糊冷藏至少3小時，能讓麵筋消失、麵粉與細砂糖顆粒亦可完全均勻。麵糊可提前製作，至多冷藏保存3天，使用前以矽膠刮刀拌勻即可。

· **薄餅作法與吃法千變萬化**

餅皮、內餡的厚薄度都可依照個人喜好調整，也可在薄餅底部放上海綿蛋糕，或是抹入各種慕斯餡，堆疊成千層薄餅。

· **噴火槍點火步驟可省略**

噴火槍點火時，請確保上空至少有1公尺的空間，避免火舌過猛而引發安全疑慮。家中若無噴火槍可省略此點火步驟，只要繼續以小火加熱將酒精煮至揮發。

Crêpe

法式薄餅千層蛋糕

完成份量／1 個
保存方式／冷藏 3 天・冷凍 14 天

Matériaux
材－料

薄餅麵糊		內餡	
牛奶	430g	香草卡士達餡	700g（P.20）
無鹽奶油	36g	動物性鮮奶油	200g
全蛋	124g	橙酒	10～15g
細砂糖	30g		
鹽	2g	**其他**	
低筋麵粉	124g	新鮮草莓	適量

Étape
作－法

煎製薄餅

  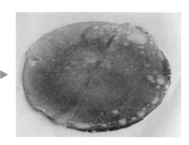

1 攪拌麵糊與煎製薄餅作法同「法式火焰薄餅佐柳橙果漿」（P.183），將每片煎好的薄餅倒在鋪烤焙紙的桌面，此配方大約可煎 14 片，放涼後即可疊起來。

準備內餡

2 香草卡士達餡拌軟，用矽膠刮刀攪拌均勻至順滑沒有結塊。

3 動物性鮮奶油以電動打蛋器的中速打發至 7 分發（明顯紋路且光亮），分次拌入作法2中，再倒入橙酒拌勻，增添香氣。

組合

4 取 1 片稍厚的底板放於蛋糕轉台，放上 1 片餅皮、抹上 70g 內餡，以抹刀抹均勻，再疊上 1 片餅皮，並使用砧板或平板稍微壓一壓使其更平整。

5 重複作法 4 放餅皮、抹餡、壓的動作，直到餅皮堆疊完成，連同底板一起放入冰箱冷藏或冷凍保存，食用時切片，並用切半的草莓裝飾即可。

重點提醒

· **慕斯圈可修整餅皮形狀**

煎好的餅皮邊緣若不整齊，可以使用 8 吋圓形慕斯圈將每片餅皮切割修圓滑。

· **組合堆疊時務必放底板**

如果轉台沒放底板，則夾好的千層薄餅沒辦法單靠抹刀就能整個鏟起來。若不小心忘了鋪底板，可以在夾餡後於最上面一層放 1 個盤子，連同轉台整個倒置，轉台取走後再用 1 個底板倒回來即可。

· **千層蛋糕冰過較好切割**

完成的千層蛋糕非常不好切，必須先冷藏或冷凍，取出後放室溫退冰約 15 分鐘，半冷凍的狀態下立即切割是最美麗的，宜使用銳利牛刀，不可使用鋸齒刀。

· **夾入水果必須切片和吸乾水分**

如果要夾入新鮮水果，水果需要切片並吸乾水分，大約每 3 層餅皮放一次水果。放水果前先抹薄薄一層內餡，放上水果後稍微施壓，黏緊後再放上內餡並抹平，水果才黏得住，並且只能冷藏、不宜冷凍。

Mousse au chocolat

巧克力慕斯杯

完成份量／4 杯（依照杯子尺寸調整數量）
保存方式／冷藏 3 天・冷凍 14 天

Matériaux
材—料

巧克力慕斯

安格列斯奶醬	150g（P.25）
吉利丁片	2.5g（約 1 片）
60 ～ 80％黑巧克力	125g
動物性鮮奶油	205g

裝飾

巧克力脆球（or 香緹奶油餡） 適量

Étape
作－法

巧克力慕斯

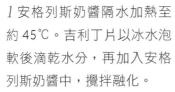

1 安格列斯奶醬隔水加熱至約 45℃。吉利丁片以冰水泡軟後滴乾水分，再加入安格列斯奶醬中，攪拌融化。

2 黑巧克力以微波或隔水加熱方式至融化，再和作法 1 材料拌勻，放置一旁降溫（約 28℃）。若能以均質機再攪拌，則更細緻。

3 動物性鮮奶油以電動打蛋器的中速打發至 7 分發（明顯紋路且光亮）。

4 打發鮮奶油與作法 2 的巧克力醬混合，輕輕拌勻。

組合裝飾

5 巧克力慕斯倒入容器後冷藏 4 小時（或冷凍成半成品），食用前撒上巧克力脆球，增加口感。

重點提醒

· **安格列斯奶醬不宜直火加熱**

煮好的安格列斯奶醬不宜直火加熱，很容易結塊或是焦掉，所以務必以隔水加熱的方式進行；若以微波方式，易造成局部溫度過高而導致結塊。

· **巧克力醬和打發鮮奶油拌合的理想溫度**

巧克力醬和打發鮮奶油拌合前，如果發現巧克力變硬，可以重新隔水加熱，使其完全融化再使用。拌鮮奶油的溫度很重要，太熱拌易直接融化，變得很水；太冷拌則太硬，融化的巧克力醬溫度 28℃將呈現濃稠度剛好的慕斯。如果需要更濃稠，可搭配擠花袋成型，並考慮 25 ～ 26℃再拌合。

Panna cotta

滑嫩香草奶酪

完成份量／8 杯

（依照杯子尺寸調整數量）

保存方式／冷藏 3 天

Matériaux
材 − 料

奶酪液

吉利丁片	9g（約 3.6 片）
動物性鮮奶油	300g
牛奶	300g
細砂糖	45g
香草莢	0.6 支

作－法

奶酪液

1 吉利丁片以冰水泡軟備用。

2 動物性鮮奶油、牛奶和細砂糖倒入湯鍋，加入香草莢（籽刮出後連同殼一起放入鍋中），使用刮刀混合，以中小火加熱至冒煙，關火後撈起香草莢殼。

3 再加入滴乾水分的吉利丁片，拌勻後過濾，隔冰水降溫約 16℃，看到稍微濃稠即可。

冷藏

4 將奶酪液倒入杯中，冷藏至少 4 小時至凝固即可食用。

重點提醒

- **熱熱的奶酪液入杯，易有皺摺且香草籽沉澱**
  剛煮好的奶酪液直接倒入杯中冷藏，表面易有皺摺且香草籽會沉澱。所以必須降溫後再灌入杯中，也能使香草籽漂浮於表面與中間，不會沉澱到底部。

- **奶酪液倒入金屬杯容易脫模**
  含吉利丁的奶凍容易黏在模具上而無法完整脫模，如果要脫模漂亮，可以倒入金屬杯中，冷藏凝固後將杯子泡入熱水約 1 秒鐘，取出後倒扣，以手指輕輕輔助使其脫模。

- **可搭配喜歡的新鮮水果或果醬**
  奶酪可搭配喜歡的新鮮水果或果醬一起食用，或是柳橙檸檬果漿（P.182）。

Gâteau à la mousse au citron

檸檬生乳酪蛋糕

完成份量 ╱ 6 個
保存方式 ╱ 冷藏 3 天・冷凍 14 天

<table>
<tr><td rowspan="3">Matériaux
材－料</td><td colspan="2">餅乾底</td><td colspan="3">生乳酪餡</td></tr>
</table>

餅乾底

消化餅乾	120g
無鹽奶油	45g

裝飾

新鮮草莓	6 顆

生乳酪餡

動物性鮮奶油	135g
吉利丁片	6g（約 2.4 片）
奶油乳酪	105g
馬斯卡彭乳酪	75g
酸奶（or 無糖優格）	45g
細砂糖	38g
檸檬皮	1 個
檸檬汁	20g

Étape
作－法

準備慕斯圈及餅乾底

1 準備 6 個直徑 5cm 慕斯圈，放置於鋪烤焙紙或保鮮膜的平盤上。

2 將消化餅乾裝入塑膠袋，用擀麵棍將餅乾敲壓成碎粉狀後倒入盆中。

3 無鹽奶油以微波方式融化，再加入作法 2 中，攪拌均勻，平均倒入慕斯圈中，並用鐵湯匙背將其推壓平整緊實。

4 平均倒入慕斯圈中，並用鐵湯匙背將其推壓平整緊實。

生乳酪餡

5 動物性鮮奶油放入盆中，以電動打蛋器的中速打發至 7 分發（明顯紋路且光亮）。

6 吉利丁片泡冰水軟化後滴乾水分備用。

7 奶油乳酪、馬斯卡彭乳酪、酸奶和細砂糖攪拌均勻，取少量於小碗，微波至完全融化並且摸起來溫熱，再和吉利丁片混合拌勻。

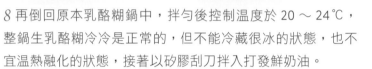

8 再倒回原本乳酪糊鍋中，拌勻後控制溫度於 20 ～ 24℃，整鍋生乳酪糊冷冷是正常的，但不能冷藏很冰的狀態，也不宜溫熱融化的狀態，接著以矽膠刮刀拌入打發鮮奶油。

9 刨入檸檬皮，並加入檸檬汁，拌勻後裝入擠花袋。

入模冷凍

10 將生乳酪餡平均倒入作法 4 慕斯圈，冷凍至少 3 小時凝固。

脫模裝飾

11 脫模時將慕斯圈放在蛋糕轉台，用噴火槍沿著慕斯圈燒一圈，若無噴火槍，可使用熱抹布包覆。

12 即可輕鬆將模具脫離，脫模後可繼續冷凍保存。

13 草莓切半後放於凝固的乳酪蛋糕上即可，草莓可換成喜歡的水果或堅果。

重點提醒

· **挑選偏鹹味的奶油乳酪更佳**

個人偏愛較沒有鹹味的奶油乳酪，比較好吃並中和甜度。攪拌乳酪時發現有結塊，可用篩網過濾或以均質機攪拌。配方中的糖量可依喜好調整。

· **少量乳酪糊和吉利丁先拌合可減少結粒**

吉利丁片需取少量的乳酪糊一起混合後再倒回原鍋，是為了避免乳酪糊溫度太低，融化的吉利丁片倒入後遇冷會立即凝結，出現結粒就不好了。

· **脫模不宜加熱過度**

蛋糕脫模後，邊緣若有融化請勿抹它，可使用抹刀將其鏟到盤子上，經冷凍或冷藏即可恢復應有的模樣。

五味八珍的餐桌
品牌故事

60 年前，傅培梅老師在電視上，示範著一道道的美食，引領著全台的家庭主婦們，第二天就能在自己家的餐桌上，端出能滿足全家人味蕾的一餐，可以說是那個時代，很多人對「家」的記憶，對自己「母親味道」的記憶。

程安琪老師，傳承了母親對烹飪教學的熱忱，年近 70 的她，仍然為滿足學生們對照顧家人胃口與讓小孩吃得好的心願，幾乎每天都忙於教學，跟大家分享她的烹飪心得與技巧。

安琪老師認為：烹飪技巧與味道，在烹飪上同樣重要，加上現代人生活忙碌，能花在廚房裡的時間不是很穩定與充分，為了能幫助每個人，都能在短時間端出同時具備美味與健康的食物，從 2020 年起，安琪老師開始投入研發冷凍食品。

也由於現在冷凍科技的發達，能將食物的營養、口感完全保存起來，而且在不用添加任何化學元素情況下，即可將食物保存長達一年，都不會有任何質變，「急速冷凍」可以說是最理想的食物保存方式。

在歷經兩年的時間裡，我們陸續推出了可以用來做菜，也可以簡單拌麵的「鮮拌醬料包」、同時也推出幾種「成菜」，解凍後簡單加熱就可以上桌食用。

我們也嘗試挑選一些熟悉的老店，跟老闆溝通理念，並跟他們一起將一些有特色的菜，製成冷凍食品，方便大家在家裡即可吃到「名店名菜」。

傳遞美味、選材惟好、注重健康，是我們進入食品產業的初心，也是我們的信念。

冷凍醬料做美食

程安琪老師研發的冷凍調理包，讓您在家也能輕鬆做出營養美味的料理。

冷凍醬料的
5 大優點

省調味 × 超方便 × 輕鬆煮 × 多樣化 × 營養好

選用國產天麴豬，符合潔淨標章認證要求，我們在材料和製程方面皆嚴格把關，保證提供令大眾安心的食品。

三友官網

五味八珍的
餐桌官網

五味八珍的
餐桌 FB

程安琪
鮮拌味 FB

程安琪入廚
40 年 FB

五味八珍的
餐桌 LINE @

聯繫客服 電話：02-23771163 傳真：02-23771213

程安琪

冷凍醬料調理包

冷凍家常菜

香菇蕃茄紹子

歷經數小時小火慢熬蕃茄，搭配香菇、洋蔥、豬絞肉，最後拌炒獨家私房蘿蔔乾，堆疊出層層的香氣，讓每一口都衝擊著味蕾。

雪菜肉末

台菜不能少的雪裡紅拌炒豬絞肉，全雞熬煮的雞湯是精華更是秘訣所在，經典又道地的清爽口感，叫人嘗過後欲罷不能。

一品金華雞湯

使用金華火腿（台灣）、豬骨、雞骨熬煮八小時打底的豐富膠質湯頭，再用豬腳、土雞燜燉2小時，並加入干貝提升料理的鮮甜與層次。

麻辣紹子

麻與辣的結合，香辣過癮又銷魂，採用頂級大紅袍花椒，搭配多種獨家秘製辣椒配方，雙重美味、一次滿足。

北方炸醬

堅持傳承好味道，鹹甜濃郁的醬香，口口紮實、色澤鮮亮、香氣十足，多種料理皆可加入拌炒，迴盪在舌尖上的味蕾，留香久久。

靠福‧烤麩

一道素食者可食的家常菜，木耳號稱血管清道夫，花菇為菌中之王，綠竹筍含有豐富的纖維質。此菜為一道冷菜，亦可微溫食用。

3種快速解凍法

想吃熱騰騰的餐點，就是這麼簡單

1. 回鍋解凍法
將醬料倒入鍋中，用小火加熱至香氣溢出即可。

2. 熱水加熱法
將冷凍調理包放入熱水中，約2～3分鐘即可解凍。

3. 常溫解凍法
將冷凍調理包放入常溫水中，約5～6分鐘即可解凍。

私房菜

純手工製作，交期較久，如有需要請聯繫客服
02-23771163

程家大肉

紅燒獅子頭

頂級干貝 XO 醬

輕鬆學 時尚法式甜點

人氣甜點師教你配方作法「化繁為簡」，做出完美泡芙、
馬卡龍、可麗露、常溫蛋糕、派塔等經典風味。

書　　　名	輕鬆學時尚法式甜點：人氣甜點師教你配方作法「化繁為簡」，做出完美泡芙、馬卡龍、可麗露、常溫蛋糕、派塔等經典風味。
作　　　者	許少宇
主　　　編	葉菁燕
封面設計	ivy_design
內頁美編	ivy_design
攝 影 師	蕭維剛
發 行 人	程安琪
總 編 輯	盧美娜
發 行 部	侯莉莉
財 務 部	許麗娟
印　　　務	許丁財
法律顧問	樸泰國際法律事務所許家華律師
藝文空間	三友藝文複合空間
地　　　址	106 台北市大安區安和路二段 213 號 9 樓
電　　　話	（02）2377-1163
出 版 者	橘子文化事業有限公司
總 代 理	三友圖書有限公司
地　　　址	106 台北市安和路 2 段 213 號 9 樓
電　　　話	（02）2377-4155
傳　　　真	（02）2377-4355
E-mail	service@sanyau.com.tw
郵政劃撥	05844889 三友圖書有限公司
總 經 銷	大和書報圖書股份有限公司
地　　　址	新北市新莊區五工五路 2 號
電　　　話	（02）8990-2588
傳　　　真	（02）2299-7900

初版　2022 年 02 月

定價　新臺幣 550 元
ISBN　978-986-364-186-5（平裝）

國家圖書館出版品預行編目(CIP)資料

輕鬆學時尚法式甜點：人氣甜點師教你配方作法「化繁為簡」，做出完美泡芙、馬卡龍、可麗露、常溫蛋糕、派塔等經典風味。
/許少宇作. -- 初版. -- 臺北市：
橘子文化事業有限公司, 2022.02
　面；　公分
ISBN 978-986-364-186-5(平裝)

1.點心食譜

427.16　　　　　　　　　　110021482

SAN YAU
http://www.ju-zi.com.tw
三友圖書
友直 友諒 友多聞

三友官網　　　　　三友 Line@